作者简介

赵辰龙，男，汉族，硕士研究生，讲师。现任内蒙古师范大学工艺美术学院实验教学中心主任。产品设计专业教师，主要研究方向：产品创新设计与理论研究 民族家具的创新性设计。本人主持省部级以上项目6项，发表论文10余篇，个人专利4项。

现代产品设计与可持续性研究

赵辰龙◎著

吉林出版集团股份有限公司

全国百佳图书出版单位

图书在版编目（CIP）数据

现代产品设计与可持续性研究 / 赵辰龙著 . -- 长春：
吉林出版集团股份有限公司 , 2023.6
ISBN 978-7-5731-3942-9

Ⅰ . ①现… Ⅱ . ①赵… Ⅲ . ①产品设计—研究 Ⅳ .
① TB472

中国国家版本馆 CIP 数据核字 (2023) 第 126918 号

现代产品设计与可持续性研究
XIANDAI CHANPIN SHEJI YU KECHIXUXING YANJIU

著　　者　赵辰龙
责任编辑　王贝尔
封面设计　李　伟
开　　本　710mm×1000mm　　　1/16
字　　数　215 千
印　　张　12
版　　次　2024 年 1 月第 1 版
印　　次　2024 年 1 月第 1 次印刷
印　　刷　天津和萱印刷有限公司

出　　版　吉林出版集团股份有限公司
发　　行　吉林出版集团股份有限公司
地　　址　吉林省长春市福祉大路 5788 号
邮　　编　130000
电　　话　0431-81629968
邮　　箱　11915286@qq.com
书　　号　ISBN 978-7-5731-3942-9
定　　价　75.00 元

设计是推动人类文明前进的有目的的创造性活动。自 21 世纪以来，我国推动创新设计发展的核心，是塑造以设计与美好生活的关系为前提的、健康的发展观和方法论。而设计创新能力与产业的融合发展已成为时代主题，也一直是研究探索的重要领域。尤其随着 AI、物联网、大数据、3D 打印等新技术的出现，使社会发展发生了颠覆性的变化，设计面临新的机遇和挑战。设计与技术、工程、艺术的关系交织又互动频繁，关于有效的设计创新方法的探索，成为紧迫性研究课题。现代设计是改变人类生活方式，创造人与物、与环境的和谐关系的一门专业，在思想上具有创新性，专业所涉及的内容体现出人们对事物的感悟和延伸。在视觉上，好的产品将科学、技术和文化有机地结合为一体。

当下，我国社会经济发展面临国内外多重压力，深化供给侧结构性改革是国家推进现代产业体系建设，以及推动制造业转型升级发展的重要任务。设计创新自"十二五"就被写进发展规划，作为科技成果的重要孵化而被产业重视。利用设计的方法和手段，孵化一种或多种技术为用户提供体验场景，是设计孵化技术的重要技术路径之一。其中，尤为重要的是如何为先进技术创造用户体验场景，并进一步将技术的应用转化成为产品或服务，创造用户价值、创造市场价值成为关键制约因素。与此同时，技术转化也带来了一系列问题，如，气候变暖、环境污染、资源消耗等。于是，产品设计的可持续性发展就成为我们研究的主要方向。

本书第一章为产品设计的基本认识，分别介绍了产品设计的相关概念、设计的变革和发展、产品设计的未来趋势三个方面的内容；第二章为现代产品设计的理论基础，主要介绍了三个方面的内容，依次是现代产品设计的要素与特点，现代产品设计的程序、方法与原则，现代产品设计中的创新思维；第三章现代产品造型设计与工学设计，分别介绍了两个方面的内容，依次是现代产品造型设计、现代产品工学设计；第四章为产品可持续设计的基本理论，依次介绍了可持续发展概述、可持续设计的诞生与面临的挑战、可持续设计与制造基础三个方面的内容；第五章为现代产品可持续设计的要点与实践，主要介绍了四个方面的内容，分别是产品可持续设计中的材料选择、产品可持续设计中的包装设计、产品可持续设计中的再循环设计、产品可持续设计的实践与案例。

在撰写本书的过程中，作者得到了许多专家学者的帮助和指导，参考了大量的学术文献，在此表示真诚的感谢。限于作者水平有不足，加之时间仓促，本书难免存在一些疏漏，在此，恳请同行专家和读者朋友批评指正。

赵辰龙

2023 年 1 月

目　录

第一章　产品设计的基本认识

本章为产品设计的基本认识，主要介绍了产品设计领域的基础概念，分别介绍了产品设计的相关概念、设计的变革和发展、产品设计的未来趋势三个方面的内容。

第一节　产品设计的相关概念

一、设计的定义

在现代社会，设计已被人们耳熟能详，并在日常生活中始终围绕在大多数人身边。例如，城市的地标、车辆的外形、纽扣的花色都属于设计的一种。当然也有许多同学对设计的定义持有自己的看法，例如，"设计就是为提高人们生活幸福感而存在的一种艺术""设计的产生是为了给大多数人提高经济收入""设计创造了不同形式的美"等，这些看法都反映出学生对设计的不同认知。

现在我们常说的设计，虽然是从西方的英文单词中演变过来的，但若是论起我国的设计，就要根据古书《考工记》中的记载进行研究。"设色之工，画、缋、锤、筐、荒。"[①] 将古代设计做了清楚的介绍。在此处，"设"一词有"绘图，筹划"之意；又由"设"一词的构成可知，"言"一词为现在意义上的表述、说话、沟通之意；"几"指的是刀枪剑戟；"又"意代表手。"计"的右侧"十"意为"东、西、南、北"四个方位，其形状与古时测量地形的用具相似。也就是说，"设计"是人类用工具来实现自己希望的美好生活，"设计"这个词从那时开始便于人们的日常生活产生了千丝万缕的联系。

---

① 苏笑柏. 考工记［M］. 沈阳：辽宁美术出版社，2014.

近期，ICSID（国际投资争端解决中心）改变了"设计"原本的含义，以适应当下社会的新变化与新要求。"设计是一种创造性活动，其目的是物品、过程、服务以及它们整个生命周期中构成的系统建立起多方面的品质。因此设计既是创新技术人性化的重要因素，也是经济文化交流的关键因素。"①总而言之，设计实际上就是通过创造出新事物，来满足人们的需要。人类之所以创造出社会文明、能使自己的精神充盈、能拥有良好的物质条件，其前提均是在实现上述活动之前进行了一定的规划，我们将与上述活动相类似的一切活动或过程前的规划称为设计。在人类社会尚处于原始形态时，我们人类在追求实用的同时，就有了对审美的要求，并由此产生了众多具有高度美感的作品。随着人类社会的不断发展，设计的定义也随之产生了一定的改变，在改变的过程中出现了不同的思想流派，也扩大了设计所涵盖的范围。现如今，设计所涵盖的种类变得愈加丰富：工业设计（Industrial Design）、环境设计（Environmental Design）、建筑设计（Architecture Design）、视觉传达设计（Visual communication）、公共艺术设计（Public Art Design）、景观设计（Landscape Design）、服装设计（Fashion Design）、化妆设计（Cosmetics Design）、信息设计（Information Design）、网页设计（Web Design）、交互设计（Interaction Design）、动画设计（Animation Design）、人机界面设计（Interface Design）、通用设计（Universal design）等。

二、产品概述

（一）产品的定义

在我们的日常生活中，会用到各种样式的物品，但是这些物品毫无例外地需要在工厂中经过一定的加工、质检，才能成为合格品流通向市场。这些合格品在由其自身的最初形态经过加工后，已经成为具备某种功能的客体，成为人造物。

在产品—商品—物料—废品这个循环系统中，涉及生产厂家、卖家和买家三个角色，所以，产品的设计应当是整个循环周期发展的主线之一。以产品设计为主体的工业设计，其核心是以人为本，满足消费者在日常中的实际需要。对于产

① 孙德明. 中国美术设计分类全集设计基础卷工业产品设计［M］. 沈阳：辽宁美术出版社，2013.

品的设计人员来说，需要判断这些实际需要是否合理、真实，以及这些需求是否需要系统地对原材料的加工来得以满足。一个合格的产品应当在满足消费者日常生活的基础上，具备给生产厂家带来一定利润的特点。另外，也需要考虑这件产品的生产是否会影响到社会的可持续发展。

综上，我们可以清楚地看到，在产品进行生产设计时，需要兼顾考虑经济、人文、社会三个角度的设计意义，使最终生产得到的产品在可以满足人们需求的同时，保证社会的可持续发展。

（二）产品的分类及其特征

根据需求的不同，存在了若干将产品类型进行分类的方法。在本书当中，我们抛弃常规的按照产品行业进行分类的方法，通过产品设计时考虑的设计要素、产品的性能，以及产品的表现形式来进行产品分类。根据性能和表现形式的特点，可以将产品大致分为功能型产品、风格型产品、身份型产品。

1. 功能型产品

功能型产品也被一些人称为实用型产品，通过这类产品的两个名字可以看出，这些产品在设计时更注重实用性能，即结构的优化，性能的升级。在实现这两者的基础上，再考虑提升外形具备的美感和艺术感。产品最终成型时，可能会存在结构外露的特点。我们日常见到的机器部件、设备零件等均属于功能型产品。

2. 风格型产品

风格型产品同时也称为情感型产品，这类产品在设计时将产品外形上的美感和个性作为设计重点，强调通过产品的外形来传达自己的生活态度等个人观点。大多数装饰品、时尚类产品都具备风格型产品的设计特点。

3. 身份型产品

身份型产品也被称为象征型产品，这种产品与前两种产品的区别在于，它可以在一定程度上突出社会地位的象征性。买家通常会因为自己拥有这类产品感到骄傲和满足，其他人也会因为这个产品而对拥有者的社会地位产生一定的认可。古时的御用物品、奢华的生活用具，以及奢侈品品牌定位下的产品，都可以在一定程度上反映消费者的社会地位。

但是这种分类也并非绝对，应当注意的是，并非功能型的产品就不注重外形设计，而风格型的产品和身份型的产品就不考虑产品性能。通过对功能型产品在外观造型上的合理优化，在精神象征上的巧妙呈现，也能够使功能型产品成为风格型产品或身份型产品。

三、产品设计及其构成要素

就传统意义上的物质性产品而言，产品设计是一种依据产业状况，赋予制造物品适切特征的创造性活动。指设计师结合所处时代的产业背景，把一种计划、设想、问题的解决方案，通过物质的载体，以恰当的形式呈现出来。产品设计的范围非常宽广，大到飞机、汽车、轮船等交通工具，以及工程器械，如挖掘机、推土机等，中到家居生活用品中的桌椅、家电，小到个人用品中的首饰、手机、眼镜等内容，几乎涵盖所有物质性人造物品。产品设计包含概念设计、造型设计、工程设计三个组成部分。

概念设计是企业开展设计的准备工作，其设计的优劣程度将直接影响到产品的合格与否。好的设计概念可能被制作成劣质产品，但是劣质的设计理念却无法被执行为优质产品。在明确这一点之后，实现一个优秀概念设计时应当注意考虑的角度包括但不限于：市场调研、生活文化分析、用户体验反馈，以及产品的功能预期。

造型设计是指对产品的形状、材料、结构、色彩、肌理等方面进行加工后，使产品在具备美感的同时具备科学性和艺术性，从而得到一个相对完美的产品外形。在对产品进行加工时，应当注意从功能设计、外形设计、色彩设计、界面规划、以及人机关系的设计几个方面进行反复考量，以保证最终得到产品自身与所需特征的高度匹配性。工程设计是指在产品制造过程中，在工程技术方面所进行的设计工作。同样，在进行工程设计时，应当注意在技术水平、设备与工装、加工技术、材料使用、生产制造以及质量检查几个方面实现合理控制。

第二节 设计的变革和发展

一、设计的变革

设计的发展历史自石器时代开始，然而现代工业设计是在工业革命开始演变后随之进行的自我革新，产品设计更是如此。当下产品设计在科技与艺术进行有机结合的基础上，为人们之间的社交搭建桥梁，同时也提供了个体进行自我展示的平台和空间。这段发展的历史蕴含了很多同样能作用于今后的道理。

工业革命后高度发展的生产加快了产品生产，同时也刺激了市场消费，这无疑对当时人们的生活带来了极大的改变。现代设计的革新自英国19世纪的"工艺美术"运动开始，确切地说，起源于1851年在英国水晶宫举办的世纪展览。当时，约翰·拉斯金是"工艺美术"运动的领导者，他与威廉·莫里斯一起，针对装饰艺术、家具、室内装饰、建筑等领域发起了设计运动。工业革命在加快产品生产的同时，也导致设计水准的降低，而大批量生产潮流又即将涌现，但是"工艺美术"运动发起的目的却是试图扭转这种顺应历史发展的潮流，其中这场运动的多数支持者仍旧希望借此恢复对手工技艺的价值。拉斯金针对建筑与产品设计提出了若干标准，这些标准为"工艺美术"运动提供了思想指导：向自然界学习，取材于自然，而非一味模仿古老的风格；采用天然原料，反对使用诸如钢、玻璃之类的工业原材料；体现材质的真实感。威廉·莫里斯则是首位将拉斯金的设计理念付诸实践的建筑师，其设计范围从"红房子"金属工艺品，到家具、锦缎、室内装潢等。

"工艺美术"是现代设计的开始，而自19世纪晚期至20世纪初期，在法国兴起的"新艺术"则使现代设计产生了一定的改观。

"新艺术"运动意在放弃任何一种传统装饰风格，完全走向自然风格，强调自然中不存在直线，没有完全的平面，在装饰上突出曲线、有机形态，直到1910年左右，逐步被现代主义运动和装饰艺术运动所取代。其中众多设计师给我们留下了很多优秀的设计理论和设计作品，涉及建筑、家具、产品、首饰、服装、平面设计、陶瓷、雕塑和绘画艺术，涌现出了很多设计师，如赫克托·吉马德、艾米尔·盖勒、亨利·凡德·威尔德、维克多·霍塔、安东尼·高蒂、察尔斯·马金托什、约瑟夫·霍夫曼，以及彼得贝伦斯等。"新艺术"运动承接了"工艺美术"运动的艺术与技术相结合的设计实践，并且将其设计理论在欧洲各国广泛传播，但是它的缺陷还是不能承认工业革命，对手工艺的推崇、对机械化的反对、强调装饰主义等。

值得一提的有亨利·凡德·威尔德于1906年，在德国魏玛建立了一所工艺美术学校，成为德国现代设计教育的初期中心，又成为著名的包豪斯设计学院；被誉为德国现代设计之父的彼得·贝伦斯，1907年被德国通用电气公司聘请担任建筑师和设计协调人，从事产品设计相关的职业生涯，这是世界上第一家公司、第一次聘用一位艺术家来管理整个企业产品，更重要的是他对当时的年轻人产生了很大影响，可以说他在一定程度上造就了一批后起之秀，这些后起之秀就是现代意义上的工业设计之父，也是首批的工业设计师与现代建筑设计师，其中，代表人物有沃尔特·格罗皮乌斯、密斯·凡·德·罗和勒·柯布西埃等。

到了20世纪初期，伴随着工业技术的不断进步，各种设备、机械、工具不断推陈出新，而这些新型设备、机械、工具就是生产力得以提升的主要原因。伴随着快速增长的生产力，人们的生活方式、生活节奏也产生了相应的改变。

很多产品在使用功能、外形，还有安全、方便上都存在很多问题，迫切需要新的设计方法来解决出现的新问题。这样在1907年一批设计师从"青年风格"运动中分离出来组成德国工业同盟，集合了不同领域的设计师、企业家、政治家、教育家以及商人等，促使手工业、工业、商业和艺术等各界的合作，其理论和设计实践为日后的工业设计的发展奠定了扎实的基础，影响遍及欧洲各地。德国工业同盟和之后的包豪斯标志了现代主义设计运动的开始。现代主义设计包含的范围非常之广，基本涵盖了全部意识形态对应的领域，这些领域包括但不限于艺术、美学以及诗歌。

世界上第一所完全为发展设计教育而建立的学校就是1919年在德国魏玛成立的公立包豪斯学校，虽然存在只是从1919年到1933年，但是它对现代设计影响深远，奠定了现代设计教育的结构框架。20世纪初期的现代设计革新运动在科学技术革命的推动下展开了，所设计的简洁、质朴、实用、方便的全新产品，确立了现代主义设计的形式与风格，标志着产品设计进入现代工业化设计的时代。

西方发达国家理解到了设计对国民经济发展的作用，使设计提到了与工业发展并重的高度。到了 20 世纪 50 年代，现代设计不仅使日本经济得到发展，而且使日本的产品打入国际市场。设计在日本的发展成为经济界的传奇。到了 60 年代以后，设计则走向了多元化，形形色色的设计风格和流派此起彼伏，令人目不暇接。设计以消费者为服务对象，满足各种市场和消费的需求，并实施多元的战略。到了 70 年代以来，新的技术革命和信息的崛起和发展，使设计深入到我们现代社会的各个领域。

对于 20 世纪 70 年代以后出现的各种设计探索，可以归为"后现代"的设计运动，在产品设计上，努力从形式上希望达到突破，创造新的产品形式。设计上的流派大致分成几个类别，即"高科技"风格、"改良高科技"风格、意大利的阿基米亚和孟菲斯集团、后现代主义风格、减少主义风格、建筑风格、微建筑风格、微电子风格、绿色设计等，以及非常个人化的探索，直到如今。

上述设计发展历程的简单陈述表明，我们的社会在发展，科学技术在不断取得新的突破，这些都改变着我们的现在和将来，对于产品设计而言，更会提出不断的需求。技术的创新、市场的变化、生活方式的改变、消费的变化等各种因素的影响，都会成为产品设计的发展因素。

二、设计的发展

在科学技术日益进步的今天，产品的设计、制造、加工工艺也日新月异地发展和提高。产品设计的发展趋势大致有下列四个方面：

（一）CAID 的发展

CAID（计算机辅助工业设计）是指以计算机硬件、软件、信息存储、通讯协议、周边设备和互联网等为技术手段，以信息科学为理论基础，包括信息离散化表述、扫描、处理、存储、传递、传感、物化、支持、集成和联网等领域的科学技术集合。通过将工业设计知识作为主体，以计算机和网络等信息技术作为实现手段，将产品外观、色彩调控、人性设计和美学原则进行的量化描述，设计出同时具有实用性、经济价值、高度美感和一定创新性的产品，以满足不同个体之间的差异化需求。

在产品设计中，核心内容为"人性化"设计，在当今科学快速发展的当下，人们在物质水平不断提升的同时，对产品的要求也随之提升，例如，开始关注多品类、小产量、多元化的产品。但是以往的传统设计模式所对应的设计周期较长，无法快速适应当下人们对产品的需求。而基于计算机和网络技术的CAID，在产品开发设计上表现出了不可忽视的优越性和便利性，使产品创新能在限定的时间内准确、有效地得以实现。常用产品设计软件有：3DMAX、Pro/Engineer、Rhino等。辅助产品设计将会使人们对设计过程有更深的认识，使设计方法、设计过程、设计质量和设计效率等各方面都发生质的变化。

（二）产品的绿色环保设计

在20世纪60年代后期，身为美国设计理论家的维克多·巴巴纳克在《为真实世界而设计》中写到的问题掀起了持久不息的讨论浪潮。书中提到，当下人们的需求已经成为设计师们急需展开研究的问题，强调了作为设计师所应承担的社会责任和应当实现的价值。随着社会的发展，工业的进步，在20世纪80年代的生态环境已经出现明显恶化，并由此引发了一股国际性的设计潮流。人们在面对当时已经恶化的生态环境时，开始转变发展思路，同时认为应当将设计与保护环境进行结合，以更快的恢复当时出现失衡的生态环境。

在进行产品设计时，应注意自然界的生态平衡，避免设计得到的产品导致生态失衡的情况发生，在设计时将环境效益作为设计重点，以降低人类活动对自然界的影响。其中的设计重点包括但不限于对于产品原材料的规划与运用，尽量采用可再生能源来进行产品设计，在设计完成之后合理保存原材料，建立更负责更环保的设计理念。

（三）产品的系列化设计

一般情况下，人们将互相之间存在关联的成组或成套产品称为系列产品。早在系列化设计兴起之初，20世纪30年代通用汽车公司在提出了关于汽车的新型设计模式时，提到了将废止制度有计划地进行展开。这是一种以产品的外观来刺激消费者对产品产生固定认知的方法。这种方法的目的就是通过改变的外观，来刺激消费者去不断地追求新产品，这也是我们所谓的"系列化设计"的开始。

现阶段，人们的生活日新月异，随着经济的不断发展，消费者的选择越来越多，市场需求也越来越个性化和多样化。人们对产品的质和量都有了更高的需求，这反映在对产品的功能、形态、色彩、规格等多方面的品质上。

根据系列产品所具备的功能，可以将其分为三类：品牌性，即一个品牌可以包括许多种产品，如我们国家的海尔集团，其产品包括家居家电、厨房家电、视听产品、IT产品、通信产品、商业电器、医疗器械等；系列产品成套化，若干单独的产品组合成一个完整的产品组合，如宜家则利用了各种家庭环境，在满足一种设计风格的前提下，使一个家用空间成为一个整体，同时又不失去单个产品的独立功能；产品单元系列化，每一个单元之间都是相互联系、依存。

（四）产品的智能化设计

在人类数千年来的发展过程中，我们可以清楚地了解到的是，在相当大的程度上，人类社会的发展离不开对基础设施的改进，人们对生活用品的使用需求是社会发展的根本推动力。

随着技术的发展，电脑的面世和普及，极大地提升了资讯在社会中的影响力。信息量、信息传播的速度、信息处理的效率以及信息运用的程度都在快速增长，不可否认的是，我们已经进入了信息时代。

当下对产品的要求除了安全、实用、方便等基本要素外，更重要的是，产品必须具备独立"思考"、独立完成任务的能力。例如，伊莱克斯公司出品的三叶虫扫地机器人，能够在家具之间来来回回地清扫，就像是一只在黑夜中行走的蝙蝠，如果有障碍，它就会重新走一条新的道路，直到将房间打扫得一尘不染；在电池即将耗尽时，可自动回到充电器中，用户可随时对其介入控制。

这个概念的出现代表着对我们当前所处空间的突破，人们可以在任何时间或地点介入控制产品。西门子公司开发出一系列能够与互联网相连的家电产品，包括冰箱、电炉、洗碗机、洗衣机、洁具等，洗碗机可以让制造商按照需要清洗的数量，制定出最优的方案；洗衣机可以与电炉和洗碗机进行"沟通"，谁先制动，谁与谁进行合作；等等。人与物之间产生了交互，形成了智能互动。

这样的交互属于积极的交互。一方面，产品接收到了人的指示，执行了相应的指令并实现了预期的效果；另一方面，该产品还能"察觉"并显示人的状态变化，积极地与人们进行互动。

第三节　产品设计的未来趋势

2015 年世界设计组织将工业设计重新定义为："成功商业的战略性解决问题过程"[①]。这个重大的理论突破说明设计思维在商业模式创新中具有战略级的高度和地位，与目前在美国硅谷发生的实践变革一脉相承。同时，工业设计的创新领域也被极大地扩展，由过去的设计部门仅作为"战术驱动者"，解决具体的产品美学、功能问题，变成当下及未来设计师不仅作为研发项目中，连接与融合各类技术人才协同创新的组织驱动者，更作为品牌创新转型、商业模式重大变革的"战略驱动者"。这一切预示着设计已成为当代产业发展中全链条覆盖的新思维。这样的变化主要体现在以下四个方面：

一、计算设计时代来临

产品设计说到底是行为的设计，而产品的表现方式只是手段。所以，设计师的主要工作应该是研究人的行为和心理模式，这种研究需要大量的数据和计算机资源。

未来是移动互联网的时代，云计算信息共享、集中处理和动态资源调配等特点，重新定义了整个产业链的结构，厂商和用户都在从产品向服务转型。例如，可利用具有 NFC（近场通信，Near Field Communication）功能的手机进行刷卡开门、交换名片、付款等一系列操作，极大地方便了用户的日常生活。同时，小米的米家平台上集合了上千种产品，基于网络连接的产品就有数百种，可以通过同一个平台进行控制和管理。产品早已不是单一的产品，而是由网络关联起来的生态链。作为设计师，要顺应这个趋势，调整自己的知识结构，从对单一产品的关注，变成对产品、系统、服务、体验、商务、信息流的关注。与此相对应，产品设计的课程需要增加和调整，使学生会阅读代码，能够进行简单的编程，掌握数据分析与应用等。举例来说，International Business Machine（国际商业机器公司）在对云端资料分析后得到，下雨时人们吃蛋糕的频率会增加，而且当温度升高时，三明治的销售量也会随之增加。通过大数据分析，欧洲烘焙店的利润提高了约 20%。

[①] 彭小鹏，钟周，龚敏. 产品设计方法学［M］. 合肥：合肥工业大学出版社，2017.

二、设计思维发生改变

虽然设计思维由设计师的工作方式发展而来，但是其本身是一种不受任何技术局限的创新方法论。随着设计驱动型创新时代的来临，设计思维作为这个驱动力量的助推器，正在向商学院普及，成为欧美各大商学院的热门选修课程和项目。

设计和商业联姻并不是新鲜事。诺贝尔经济学奖获得者赫伯特·西蒙在他1969年出版的《人工科学》一书中就提出，每个想方设法来改变现状迎合己意的人都是在做设计，生产人工制品的智力活动与为病人开药或为公司制定新的销售计划或者为国家制定社会福利政策，从根本上来说没有什么不同。由此可以看出，西蒙将设计定义为一种思维方式，而非现实过程。

到了20世纪70年代初，伦敦商学院MBA课程中设立了第一个设计管理研究班，同一时期皇家艺术学院开设设计创新管理的课程，成为推动设计管理教育发展的核心力量。

其中，最具标志性的事件莫过于斯坦福设计思维学院的建立，该学院是为斯坦福的硕士生和博士生开设的研究中心。IDEO的创立者大卫·凯利将设计思维用一个关键词、五个主要过程来概括。一个关键词是以人文本的设计（human-centered design），五个主要过程分别为移情（empathize）、定义问题（define）、创造（ideate）、原型（prototype）和测试（test）。在目标培养、课程规划、教学方式上，都为设计思维增添了新的特征点。

设计思维的目的在于培养"T"型人才，即在某一特定的领域进行研究，且能够运用自己的设计思想与不同领域的伙伴合作解决问题的人才。这种培养模式促进多学科协作，尤其是在遇到较为困难的社会问题时，把专业人士从仅具备单一思维的"专业陷阱"中脱离出来，把他们放在一个由设计思维引导的、追求创造人为价值的公共视角下。与此同时，师生关系也日趋多元化。将不同专业、院校的学生，每4~6人结为一组，另外，教师也组成教学小组，来完成对课程的规划，最后通过教师将教学小组的规划结果应用于小组教学，促进学习小组逐步成长。

在设计思维方面展开教学时，我们不照抄照搬以往的案例教学，而是将课堂讲授、案例分析、小组研究等有机结合起来，以提高教学效果。一般情况下，学生在整个项目设计中要完成的环节包括但不限于：反复考察找到设计感觉和方向，对设计所涉及的类别和领域进行定义，设计出一个全新的使用原型，收集身边人的反馈，以用户体验为基础进行评估验证等。项目完成后，学员将以实物、软件、工作流程、商业模式、演出、甚至成立新机构等形式呈现得到的成果。

将设计思维应用在教学方法上时，更侧重于通过学生实际操作来引导发展认知。斯坦福设计学院的首创者大卫·凯利指出，想象、思考这之类仅在头脑中进行的活动对参与者的进步并无太大推动作用，实际进步需要依靠实践以及实践带来的自身感触来实现。[①]

三、人工智能产品大行其道

作为创新工厂管理合伙人、投资人的汪华曾经指出，人工智能（AI）在市场上的应用会分为三步走：

第一步，AI 将首先在线上化程度较高的产业中实现推广。例如，在数据端和媒体端都属于率先实现自动化的产业。某个线上的"虚拟世界"将成为这个推广过程的开端，之后随着各个行业线上化程度的提升，AI 也将在这些行业展开应用，来实现流程、数据和业务上的自动化。随着互联网和移动互联网的不断发展，已经取得较多发展成果来为 AI 的应用提供业务流程和数据支持，因此具备大量在线数据的行业将会最先进入人工智能时代。其中较为典型的行业包括但不限于金融、新零售以及共享交通出行。在这些高度线上化的产业具备实现线上业务流程和高质量数据累积的空间，AI 在这些行业上的应用可以加快线上业务的自动化。

第二步，随着感知技术、传感器和机器人技术的不断进步，人工智能将会在线下展开应用，且在专业领域、行业应用、生产力端率先实现线下业务的自动化。人工智能最后会从虚拟世界进入到现实世界，例如，可能首先介入生产力发展的代表行业，工业机器人、仓储机器人、物流机器人、餐饮机器人等在这个阶段将会得到广泛的应用。

① 秦仪，张焱. 欧美商学院设计思维教育的历史、特征与启示 [J]. 创新与创业教育，2016，7（6）：42-48.

第三步，当成本技术进一步成熟，AI 会延伸到个人场景，全面自动化的时代终将到来。AI 应用的最终场景是个人和家庭，在这个阶段人工智能商业化的核心目标，是创建全面自动化的人类生活方式。随着成本技术的发展，AI 的应用范围也会扩展到个体场景，届时我们将面临一个高度自动化的时代。人工智能应用于市场的主要目的，就是要创造出一种高度自动化的生活方式。例如，居室清洁、老人陪护、儿童教育、智慧出行等。

对于产品设计来说，人工智能普及升级的不是产品，而是想象力。将未来科技、算法与商业模式、品牌创新高度结合，实现对销售和服务的新定义是我们未来应该深入思考的方向。例如，在 2017 年最火爆的智能音箱，这不仅是一个音乐播放产品，而且是智能家居的入口级产品。它的应用场景很广泛，与空调、灯、电视、窗帘等联网时，可以通过它来控制这些设备，所以，在酒店、家庭、养老机构等都有应用空间。

四、设计业态的广度和深度被重塑

根据当下技术发展和设计趋向的多元化，现今设计业态的广度和宽度都被拉大，具体表现为以下两个方向：

（一）时间概念上的传承过往和拥抱未来

传承过往主要表现在传统工艺、非遗传承等重振工匠精神。比如 Fugex Design 的小音箱（图 1-3-1），外表虽和传统的蓝牙音箱并无区别，但是内藏玄机。它作为非遗传承的典范，体现了木料制作工艺的传统性，主体采用樱桃木和黑胡桃木，采用"只切一刀"的理念，主壳体整体镂空，无拼接，完美保留原木的原始美；正面使用珍贵的超细丝竹绢布，这种产自蜀中非遗传人牟氏家族之手的竹绢厚度仅为 0.25 毫米，由上万根接近 0.2 毫米细如发丝的细竹丝，混同生蚕丝手工织得，丝竹绢强韧度不亚于常规布料，0.25 毫米的薄度，得以让声音自由穿透、毫无过滤，从而保证音乐的纯正。传统的外壳里包含着非常潮流的使用方式，背部仅保留一个点锡作为开关指示，去除了所有复杂的按钮操作，音乐播放、音量调整将全部在手机端执行。它更像一个纯粹的音乐盒子。

图 1-3-1　Fugex Design 小音箱

拥抱未来针对的核心技术包括但不限于工业 4.0、物联网技术、AR/VR/MR、大数据、人工智能等当下热点研究领域，这类技术是科学发展的主要推动力。例如，渡鸦智能机器人、送餐机器人、小雅 AI 音箱等都是技术服务需求的产品，这类产品未来将会越来越多地走入我们的生活。

（二）动机行为上的服务市场和主动创新

服务市场主要体现在找对需求，对服务设计的发展与推广。现在广为流行的共享单车（图 1-3-2、图 1-3-3），就是服务设计的最好例子。在地铁公交覆盖不到的地方，人们需要的不是自行车本身，而是解决 3 千米以内的代步问题，这是市场需求。配合芯片定位、蓝牙解锁、移动支付、App 和小程序、共享单车就有了推广和实现的技术支持。服务设计的理念近年来很热门，因为它和共享经济所提倡的环保、少物、杜绝浪费的理念不谋而合，它重新定义了设计的目标，使"造物"和"谋事"结合，值得推广。

图 1-3-2　共享单车

图 1-3-3　共享单车 App

主动创新主要表现为"从造物到谋事"的思想。这种思想更主张技术发展的主动性，把发展目标放在当下的技术前沿，坚持持续创新，是知识社会创新 2.0 模式在设计制造中的典型表现。

"创客"演变于西方单词中的"maker"，表示在个人兴趣的驱动下，把各种创意应用于实际客体中的人。不可否认的是，由于当今创造发明的成本越来越低，发明信息日渐共享，才有了这类身份的诞生。可以说这是当今社会环境的产物，是迈向未来的主要驱动力。创客文化有以下三种基本含义：

第一，具有近乎狂热的创造热情，同时依靠强大的执行力将其付诸实践。

第二，认同网络社区（线上）学习交流和面对面（线下）分享学习的重要作用，强调"做中学（learning through doing）"，倡导在实践过程中不断摸索前进，在数次失败和反复坚持后得以创新。

第三，秉承开源精神，倡导通过各种方式将自己所拥有的数据或者软硬件等资源与他人进行共享，构建庞大的共享资料库，打造良好的创新环境。例如，英国巴斯大学的阿德里安·鲍耶曾经创建的 RepRap 开源项目，加快了当时兴起的 3D 打印机家庭化运动，而在当时此项目在发起时也收到了众人追捧，接受过英国工程和物理科学研究理事会在资金上的帮助。

综上，创客文化可以说是兴起于"正规学习系统"之外，这种文化不仅要求具有实际的发明对象，而且要将具体的发明内容或者改善技术与发明对象相结合，也包括之前提到的共享文化，以及"大众创业、万众创新"的双创文化。

第二章　现代产品设计的理论基础

本章为现代产品设计的理论基础，主要介绍了三个方面的内容，依次是现代产品设计的要素与特点，现代产品设计的程序、方法与原则，现代产品设计中的创新思维。

第一节　现代产品设计的要素与特点

一、现代产品设计的要素

（一）功能要素

产品设计、开发、生产、销售这一系列过程中，最具效用且最被接受的能力就是功能，产品因为具有特定功能而具有价值。在现实生活里，凳子可以让人坐在上面，沙发可以让人靠在上面，它们都给人类提供着各自具有的不同的功能及作用。产品的本质就是功能载体，设计一个产品最终的目的就是让它更好地为人们所用。

1. 产品之功用

社会经济在不断地发展，人们在产品功能方面的需求也逐渐从低级向高级、从单一化到多元化进步。设计产品时分析产品功能也逐渐细化。

（1）产品的使用功能和审美功能

使用功能是产品特定的用途，它能够表现出产品的使用目的，包含跟技术、经济用途有直接关系的一些功能。审美功能是指会对使用者的心理感受及主观意识产生影响的功能，它对产品起到的作用已经日益明显起来。人们在使用产品时，更加重视感性需求，拿衣服来看，既要保暖蔽体、舒服合身，还要有漂亮的颜色、精致的版型；拿食物来说，既要能饱腹、满足人们的营养需要，还要色香味俱全。著名的心理学家马斯洛认为，严格地从生物学意义上来看，人像身体需要钙一样需要美，美可以使人变得更加健康。莫里斯有一句名言，"不要在家里放一件你认为有用，但并不美的东西。"①所以，产品设计要兼顾功能性和美的艺术形态，二者具有同等的重要性。

在现代设计运动中，法国南锡的新艺术运动主将埃米尔·盖勒在《根据自然设计家具》一文中指出，自然应是设计师的灵感之源，而不论什么样的装饰和雕琢，都应当以产品的功能为出发点。道出了现代产品设计的精要所在，强调使用功能与审美功能的完美融合。举例来说，具有新艺术风格的家具会从大自然的花草树木中抽象出它们自由的形态，以及蜿蜒交错的线条，以此使产品更具活力，展现出运动感，体现了表面的生命形式下持续进行的创造过程。使用功能和审美功能的完美结合赋予现代家具无上的生命之美。

（2）产品的主要功能和附属功能

产品的主要功能是产品存在的基础，是和设计生产产品的主要目的有直接关系的功能，也是产品存在的理由。对产品使用者而言，产品如果不具备必要、基本的功能，产品就失去了存在的意义。附属功能指用来辅助主要功能实现目的而附加的其他功能。GlowCap智能药瓶，它和普通塑料药瓶的大小几乎相同，但是瓶盖中却暗藏计时及提醒的装置，它的表现比私人秘书还要尽责，通过闪烁橘黄光或语音来提醒该吃药的时间。药瓶的基本功能是装药，闪烁光和语音提示功能是为完成主要功能而设计的，从使用过程中发现的问题和实际需求出发，这样的设计很人性化，尤其适合长期依赖药物的老人使用。再如，日本松下电器工业株式会社于1997年生产制造的老年坐式淋浴器，淋浴器的主要功能是淋浴洗澡，辅助实现洗澡的附属功能是提供舒适的坐式，以及实现特殊群体在使用产品中的安全性功能。老年人洗浴时会有很多不便，坐式淋浴器的体积较小，狭小的浴室也可以安装。它座位两边的臂架上装有六个喷头，可以把水喷到人的前身，还另外在座位靠背上安装了四个喷头，可以把水喷到人的后背，这样人的全身就都可以被水冲洗到。每个喷头的方向都可以进行自我调节。座位的高度也可以根据不同身高的使用者进行调节，适应不同人的高度需求。除此之外，它还配备了监视

---

① 小野. 极简力［M］. 北京：现代出版社，2016.

器，家属可以及时观察洗浴者的安全情况。功能设计上充分考虑了老年人和部分特殊人的需要。主要功能和附属功能搭配合理，较为人性化，这样在功能上就已经较合理了。

（3）产品中存在的不足功能、过剩功能和适度功能现象

功能不足就是必要（主要）的功能达不到预期的目标。功能不足出现的原因有很多，例如，材料使用不合理而造成的承重不够、强度不够、耐用性不够等，或因结构、尺度不合理而不能达到预期的目标等。过剩功能就是超出了使用需求的功能。它可以分为功能内容过剩及功能水平过剩。这里所说的内容过剩就是附属功能多余或因为使用率较低而成为不必要的功能。我们生活中有时会听到有些人发出这样的感慨，产品用坏了准备要更换时，却发现其中有些功能就从来没用过！对于某些使用群体来说，附属功能并不具有必要性。功能水平过剩就是为了达成必要功能的目的，在安全性、可靠性、耐用性等方面采用了过高的指标，这样会在很大程度上提高生产的成本，甚至造成不必要的浪费。设计总是特定使用群体、使用环境下的行为，进行功能分析，会让我们的设计针对性更强，可行性更大些。

2. 产品功能设计的实现

（1）遵照功能设计和谐性原则

功能设计就是实现功能目标的设计过程。设计时最少会面临两方面的问题：一个是结构原理；另一个是构成形式，它是指所谓的内在功能和外在形式的问题。这两方面是统一的整体，也都属于功能载体，不可以区别对待，但会由不同领域的设计师来分别负责。工业设计师应该具有合作意识，也要擅长交流和沟通。既会借助二维、三维形象来表达，也可以使用图形、图表等各种不同的视觉形式来传送消息。

（2）遵照功能设置合理性原则

合理性就是根据使用需要，分清楚必要的功能和不必要的功能，突出主要的功能，再合理搭配附属的功能。多功能可以完善产品的物质功能，满足人类更多的需求，给人们的生活带来便利。但是设置多功能时要遵循合理适度原则。适用范围太宽泛会给设计、制造增加困难，也会增加产品的成本，不利于清理及维护。

设计整体的卫浴时，会听到业内人谈论"马桶可以养鱼""浴缸可以打电话""淋浴室可以按摩"等新鲜的概念，卫浴产品的多功能化成为人们交谈的热门话题。但是当前各大产品的终端销售与企业重视的多功能化并不匹配，产品的附属功能可以无限地增加，到达一定程度时就会增加成本，带来一些负面影响，所以，合理地设置产品的功能结构是十分重要的。大多数人只是去了解卫浴产品，并不会购买。多功能卫浴销售状况不理想的主要原因大概有以下三点：第一，国内的房屋浴室空间难以容纳多功能化产品，只有小部分高端客户群会购买，客源不够充足；第二，大众家庭消费高价位奢侈品的能力及心理还不够高；第三，产品功能多样化会使消费者担心产品的质量、耗能、安全性等，这也会降低消费者的购买欲望。

（3）适度彰显新功能为出发点进行产品设计

实用功能的先进性，能提供新的功能或高的性能，是产品能动地反映新时代、新需求的体现。从聚合中引发新型功能创意，聚合同类产品或不同类产品的优异功能。如，有播放音乐、观看影片、阅读电子书等功能的 Ipod Video 就是一个极好的例子（图 2-1-1）。

图 2-1-1　Ipod Video

3. 产品功能设计的实例解读

在产品设计课程进行中，引导学生从发现生活中存在的问题入手，拓展思路，为解决一个问题积极发掘新功能、创造新产品，让设计在生活中走得更深更远些。

比如，有同学发现他妈妈切菜的时候，经常要用手不断地把沾在刀上的菜往下抹，挺麻烦的，有什么好办法能让切菜的时候菜不沾刀吗？他就萌生了设计一把切菜时不沾菜的刀的想法。从实际需求的功能出发来进行产品设计，是产品设计的一个有效切入点。也有很多时候想法都是很好的，可就目前课堂上的条件来说，较难实现预期的功能，达到预定目标，只好暂时保留原来的想法，重新构思可行性的设计方案。

（二）结构要素

很多人会认为结构就是产品的内在构造。实际上，结构的内容是多样化的，复杂的程度也并不一样。自然界中的一个山洞、一个蛋壳是一种结构，一个蜂窝、一个鸟巢也是一种结构，产品设计也是这样。怎样设计一支圆珠笔可以放置、更换笔芯，让手更舒适地握住笔身，这些都是结构相关的问题。不止内部的结构，产品外形自身就是一种设计结构。

1. 产品结构的多重含义

结构就是按照一定的使用功能，把产品中的各种材料互相连接和作用起来的一种方式。它是产品的主干，也是实现功能的基本保障。造型、使用功能、材料特点及加工工艺的可能性都能决定结构的形态。

结构主要可分为外部结构和内部结构。

外部结构：外观造型和与其相关的整体结构。它借助材料以及形式体现出来。在某些情况下，变换外部结构不会直接影响到核心功能。例如，电话、吸尘器、冰箱等，不管它们的款式怎样变换，它们的语音传输、真空吸尘及制冷功能不会被改变。另外一种情况，外观结构自身就承担了核心功能，它的结构形式与产品的效用有直接联系。例如，各种材质的容器、家具等。家具的外在结构能直接地反映出外观造型，也会和使用者直接接触，所以，它的尺度、比例及形状都必须要适应使用者。举例来说，一把椅子要有合适的座面高度、深度、后背倾角，这样可以很好地消除人的疲劳感；而贮存类家具既要方便使用者存取物品，也要符合存放物品的尺度等。依据这种要求设计的外在结构，不止可以承担产品的核心使用功能，也可以表现出美的形态。

内部结构：由某项技术原理系统形成的具有核心功能的产品结构。核心结构往往涉及复杂的技术问题。工业设计就是将其部件作为核心结构，并依据所具有的核心功能进行外部结构设计，使产品达到一定的性能，形出部分；对于工业设计师而言，既然并非严格意义上的功能实现者，核心结构往往只是个暗箱，通过外壳的设计能使用户产生对产品诸如信任、舒适、喜爱等正面的情感。

2. 把握产品结构设计要点

（1）把握整体性原则，正确处理结构与功能的有机关系

结构作为功能的载体是依据产品的功能、材料、目的来选择和确定的。产品的结构是实现其功能的基础。要对产品进行结构创新才能更好地开发及拓展其功能。同一个功能也可以用不同的结构及技术方法实现；同一个结构也能够兼具各种不同的功能，从而产生不同的产品形态。想要产品形态呈现出美感，产品结构的新颖和独特性是十分重要的。在现实生活中，我们经常会发现一个有着新颖结构的产品，常会以一种崭新的面貌出现在消费者面前，给人带来强大的视觉冲击，最大限度地激起人们的购买欲望。例如，法国设计师设计了"染色体"餐桌，改变了人们习惯的桌子结构，他在三个桌腿的顶端安装了磁铁，和粘在玻璃面上的铁盘吸附固定到一起，桌腿看上去结构很复杂，但是只要沿着两个轴承旋转，桌腿便能够折叠起来，桌腿和玻璃桌面就可以像浮雕一样悬挂在墙上，在节省空间的同时，也起到了装饰墙面的作用。由此可见，产品结构创新可以给产品形态创造出一种新颖独特的视觉效果，也可以改善产品的使用功能，提高使用效率，使产品的各部分结合更科学更合理。

（2）在结构设计中彰显细节

对于工业产品而言，产品本身的结构形式不但有助于其实用功能的发挥，而且从细节结构中传达出产品的人性化关怀和设计理念。例如日本"索尼"公司设计的"Walkman"在内部结构上必须能符合微型收录机的电声技术要求，同时在外部结构上又能满足携带方便及当今青少年在使用特点上的要求。因此，它所形成的产品形态特点必然和产品结构有着不可分割的内在联系。其结构的科学性与合理性同样体现出当代的科技成果及现代人们对新的生活方式的追求（图2-1-2）。

图 2-1-2　日本"索尼"公司设计的"Walkman"

（三）形态要素

《韩非子》记载着一则"买椟还珠"的故事：一个郑国人从楚国商人那里买到一颗有外饰漂亮木盒的珍珠，竟然将盒子留下，而将珍珠还给了楚国商人。原因是那只"为木兰之柜"，再"熏以桂椒"，又"缀以珠宝"的精美包装盒（椟）"掩盖"了盒中珍宝的光泽。无怪乎郑人不爱珍宝而爱美椟了。这则故事的本意是讽刺消费者舍本逐末的行为，从设计者的角度可以将"买椟还珠"的案例理解为：在产品设计中，产品的形态设计和包装设计同等重要，强调产品外观形态给人的视觉感受，从满足顾客心理层次的感性需求入手，利用"精椟配美珠""爱椟及珠"的神奇效果，达到产品增值的目的。

1.感触形态

产品形态是以产品的外观形式出现的，且这一形式传达各种信息，即产品留给人的第一印象，也就是语言里常提到的"表情达意"的作用。如，产品的属性是什么？产品的功能能做什么或怎么做？

产品形态也是重要的产品功能。在经济飞速发展和物质极大丰富的今天更是如此。好的产品形态可以激发人们拥有及使用该产品的欲望。比如，苹果电脑、飞利浦的家电及意大利的家居用品等产品在世界上的成功，就是很好的例证（图2-1-3 和图 2-1-4）。相反，不好的产品形态只能在市场中遭受淘汰的命运。

图 2-1-3　意大利 alessi 开瓶器设计

图 2-1-4　意大利 alessi 家居设计

"表形"通过图形、符号和一些表达产品意义的相关元素的排列、综合等构成方式来解释产品的意义，引导行为——从而正确有效地使用产品。

"达意"由表形而诠释设计的意义，达到有效人机界面交互的目的。

产品可以借助形态传递信息，使用者对此作出反应，可以在形态信息的引导下正确使用产品。设计者对形态语言的运用及把握，决定了使用者能否根据信息编制者（设计者）的意图作出反应。设计者运用的形态语言既要传达这是什么、能做什么等可以反映产品属性的信息，也要让别人明白怎么做、不能怎么做、除了这样还能那样等。形态是利用人特有的感知力，通过类比、隐喻、象征等手法描述产品及产品相关事物。

2. 如何创新产品形态

对于工业设计的学生而言，怎样创新产品形态、通过"外表"让用户忽略"壳子"内部规律和法则，凭借外在表达理解和判断物品，是更为重要的问题。要想获得产品形态创新，就要抓住形态创新的切入点。所谓抓住形态创意的切入点，就是在产品形态创意的过程中，通过对产品的使用方式、基本功能、所选用的材料、结构，以及材质的表面处理、色彩等形态要素的分析和比较，选择其中某一形态要素作为突破点。

（1）产品使用方式与形态创新

产品的重要价值就是被人使用和为人服务，每一个产品都具备一定的使用功能。为了让产品的使用功能更好地为人服务，设计产品的时候就要将人们使用产品的方式，产品的适用人群、使用情境，产品使用者的习惯，产品的使用感受、体验，以及使用过程中可能出现的问题等放到首位去考虑，这些都是以使用方式为基础，进一步丰富产品的功能，创造新颖的产品形态。

产品的使用方式不同，设计出的产品形态也会不同。就此而言，可以将依据产品的使用方式进行设计或创造出新的使用方式，作为获取具有创意性的产品形态的重要切入点。

当然，要将改善产品使用方式、提高产品的使用效率，作为基础来进行针对产品使用方式的创新设计，让设计之后的产品满足消费者更多、更方便的操作需求。

（2）产品材料与形态创新

材料是产品形态存在的基础，任何产品都离不开材料。不同的材料视觉特征也不相同，只要某种材料应用到具体产品上，产品就会表现出与材料有关的视觉特征。在日常生活中，我们可以看到，有相同机能或相似外形结构的产品，也会因所用材料的不同而给人们留下不同的视觉印象。此外，每种材料都有适合的加工、成型方法，不同的加工工艺也会对产品形态的视觉效果产生直接影响。

材料能够对产品形态产生直接且深刻的影响。因此，创新产品形态时积极探寻新材料运用的可能性也是一种有效的形态创新切入点。

（3）产品结构与形态创新

产品结构是构成产品形态的重要因素，产品要依靠结构才能生成。创新产品结构可以给产品带来新颖特别的视觉效果，也可以改善产品的使用功能，提升工作效率，让产品的各部技能更加科学、合理。为此，不少设计师在探索产品形态创造过程中，十分重视对产品结构的创新，这也为世界留下了无数的优秀的设计范例。

通过对上述"产品使用方式""产品材料""产品结构"等几个和形态创新联系紧密的要素的分析，可以了解到，创新运用这几个要素是我们进行产品形态创新的重要途径，形态创新时，这些要素并非孤立地产生作用及影响。改变其中一种形态要素，其他要素也会随着变化。持续综合、平衡要素间的关系，让它们渐渐形成科学合理且有创新特征的产品形态。产品形态创新也需要遵循一定的原则。

产品可以满足人们在物质生活中需要的特定功能，也会给人带来精神享受。因而，一件产品不仅要有实用价值，还要形态美丽，具有审美价值，给人带来愉悦感。即便如此，因为产品形态不是纯粹的艺术品，所以设计师要综合运用产品的材料、工艺、结构、功能等造型要素来呈现产品的艺术特征，要做到科学、技术以及美学的和谐统一。形态创新要遵循如下原则：

第一，简洁性原则

在产品设计中，设计师要始终遵循的重要原则之一就是形态的简洁性。

①简洁的产品形态具有吸引力。有很多心理学的实验证明：人们感知立体形态的时候，会特别注意简洁的形态。人的知觉倾向于"简化"，"简化"是尽可能把各种刺激以简单的机构组织起来的倾向，不是仅指物体里包含的成分少或成分间的关系简单。

②简洁的形态具有时代性。产品形态的发展趋势越来越偏向简洁的方向。以手机为例，过去的手机形态很复杂，手摇柄的拨号方式也很麻烦，现在的手机则越来越轻薄小巧。

③简洁的形态具有美感。在日常生活里我们能够发现，有规律有秩序的形态一般都具有美感。例如，简单的几何形态或黄金分割比例的矩形等。与一些没有规律、杂乱复杂的形态相比，这一类几何形态都具有的特点就是简洁性。

第二，整体性原则

在形态感知过程中，有一个非常著名的"整体意象优先"原则：视觉前期感知到的形态是整体性的而不是具体的细节，它通常出现在视觉感知形态的早期，与后续的注意力阶段相比具有优先性。

由"整体意象优先"原则我们可以知道，在人的视觉过程中，形态的整体性是十分重要的。换言之，只有这个形态的整体感觉吸引到人的注意力，人们才能继续被它细部的视觉活动吸引。

具有整体性的产品形态通常有以下特征：

①整体产品形态明确、简洁、个性化强，能给人较深刻的视觉印象。

②产品形态细节丰富，但各部分的形态变化均有一定的内在联系，使之能形成视觉上的统一。

③产品能给人的第一感觉是产品的整体特征而不是哪一个细节。

第三，传承性原则

设计产品形态的时候，不可以与原始产品的外观相差太少，但是相差太多给消费者的感觉太过陌生也会有很大的市场风险。成功的设计实例表明，对产品形态进行创新时要保留一些产品原始的视觉意象，这样能够更好地保持消费者对产品的信任度，进而激发他们的购买欲。所以，设计产品形态的一个重要原则就是，正确地传递原始产品里对消费者有影响力的因素。

（四）材料要素

大自然中充满各种产品材料，每一种材料有独特的个性和语素，通过设计师的灵活驾驭、艺术创作获得灵性，展现出材料动人的魅力，如木质产品及纹理淳朴自然、清闲恬静；各类的金属制品深沉，锐利；玻璃制品温婉、晶莹剔透；塑料产品光洁、致密；布纤维制品柔软、舒适等。

在长期造物史中，新材质、新科技的发明、运用往往会成为产品设计创新的契机，使设计的水平得到一个飞跃。在现代产品设计中，大胆地采用新型工业造型材料和先进工艺，能够在产品的质量、性能、外观等方面，都给人与众不同的美感。材质美感设计正日益受到设计师与消费者的青睐，以满足人类日益增长的物质生活和精神文化的需求。

1.魅力材料

（1）材料自然属性的魅力——产品的真实生命力和个性、品位的联想

有人认为对材料的运用是否成熟程度，是衡量一个设计师成熟与否的标准，

也是衡量一件产品是否具备深厚内涵的标准之一。且不去评论这种观点准确与否，但至少说明了材质的合理运用在产品设计中的重要地位。一种好的设计需要好的材质来渲染，诱使人去想象和体味，让人心领神会而怦然心动。

中国传统建筑多用土、木料，西欧一些国家居民至今仍筑木屋而居，选择这样的居住方式，除受到经济发展水平的因素、地理环境的因素等影响制约之外，更重要的是因为土、木质的亲和性和生命感，让人有亲近自然的感觉。同样，古人愿意把石材用于墓室建筑中，"海不枯，石不烂"，石材材质的这种真实永久性，寓意了可以让死者永垂不朽。这是我国帝王将相、达官贵人祖祖辈辈延传下来的墓葬习俗。分布于华夏大地，历经上千年保存至今的大量宗教，尤其是佛教摩崖造像、石窟造像，其崇高的文物价值是通过石质材质这种特殊的载体来体现，我们至今能感受到先人们聪明的才智、高度的艺术创造力（图2-1-5、图2-1-6）。

图2-1-5　现代社会仍然在使用的工具——石磨

图2-1-6　卢舍那大佛

可以说，这种材质本身就构成了古迹的壮美。同样，我们可以考证西方的造物史中嗜好用巨石建筑房屋庙堂，也是由于石料质硬量重，体量大，坚实稳固且肃穆威严，耐用，留存时间较长。正如乔治·桑塔耶纳在他的《美感》中所说："假如雅典的巴特农神庙不是大理石筑成……将是平淡无奇的东西。"从某种意义上讲，正是材料的自然属性承载了艺术形态传承文化的重要价值。（图2-1-7）

图 2-1-7 雅典巴特农神庙遗址

自然质感的产品大多具有天然性和真实性，在产品设计时明确设计目的，按功能的要求，选取合理的材料和质感表现，使物尽其用。

（2）材料社会属性的魅力——产品的时代特征和商业特征的显现

新材料的开发与运用往往与时代的进步、科技的发展是同步的，材料和工艺的革新有时会引起设计概念和风格的革新。20世纪初，由包豪斯所倡导的现代工业设计，就是把钢材和玻璃等新材料、新技术运用到产品设计中，震撼了产品设计史。运用新材料、新技术设计制造的产品成为时尚的代名词，因其鲜明的时代特征备受广大的消费者青睐，创造出良好的商业效益。

举例来说，苹果公司的 iMac 电脑机箱采用了半透明塑料材质的设计，成功化解了当时苹果公司的经济危机，销售业绩史无前例。经过处理的材质会给人一种时尚感，再搭配上明亮的色彩，整体给人一种轻松可爱的感觉。所以，好的设计方案会让原本看起来很廉价的塑料制品，也呈现出高级的质感，更具时尚性。

设计中，除了少数材料所固定的特征以外，大部分的材料都可以通过表面处理的方式来改变产品的色彩、光泽、肌理、质地等，直接提高产品的审美功能，从而增加产品的附加值。例如，我们使用的手机、相机、耳机、各种灯具等产品中的很多部件均为塑料材质，经过表面镀覆工艺——电镀金属涂层，达到改变固有材料表面的颜色、肌理及硬度，使材料耐腐蚀、耐磨、具有装饰性和电、磁、光学性能。经过这一系列的表层处理工艺，体现出丰富多彩的变化，能够模仿其他材质，从而减少不必要的浪费，降低了某些昂贵材料生产成本。良好的人为质感设计可以替代和弥补自然质感、节约珍贵的自然资源，同时获得大方美观的外观效果，给人美的感受，为产品带来更高的附加值，体现了产品设计中运用含高科技、先进工艺的材质所产生的积极的时代意义和社会效益。

2. 材料开发与应用实例解读

（1）提高产品设计的适用性

良好的材质运用，可以提高整体设计的适用性。如软质材料给人柔软的触感和舒服的心理感受。

（2）塑造产品的个性品位

材质运用是体现产品个性品位的重要因素，良好的工艺技术是实现质感效果的前提条件，而良好的材料质感设计也体现了产品的工艺美和技术美。通过材质设计传达出产品的技术、文化、人性等信息，体现出产品的精神意境、价值感和消费对象的地位，实现了从材料质感到产品意境的飞跃。

（3）提高产品的装饰性

良好的材料及质感设计，可以提高工业产品整体设计的装饰性，形成产品的风格特征，有着形态和色彩所难以言尽的形式美。

（4）达到产品的多样性和经济性

同材异质和异材同质的处理效果，都极大拓宽了材质的品类，达到工业产品整体设计的多样性和经济性。例如，各种表面装饰材料，塑料镀膜纸能部分替代金属及玻璃镜；各种贴墙纸能仿造锦缎的质感；各种人造皮毛几乎可以和自然皮毛相媲美，这些材料质感具有普及性、经济性，满足工业产品设计的需要。

产品设计既是视觉艺术又是空间艺术，物质材料作为媒介对产品设计既有制约作用又有支撑作用。虽然，现代科技可以在一定的程度上改造材质，但很多情况下，一定的材质只适用于一定的产品造型，如果用材不当，哪怕艺术形象再好，也觉得别扭，甚至会造成设计上的失误。例如，铁锤子是用来砸东西的，它是用生铁铸造而成的，铁质量、比重、硬度都相对较大，如果将锤头的材料换成塑料电镀的或是毛线织的，这样的锤子砸下去会是什么效果呢？在实际生活中，如将一些材料偷梁换柱形成"金玉其外，败絮其内"的产品，这样的设计后果是不堪设想的。这也告诉我们更多的时候要从实际出发，考虑其合理适用性，对材料认真地选择、利用，发挥它与特定造型相适应的质地特性和表现力。各种材料都有其自身的结构美感要素，产品结构的美感要素往往来源于对这些材料的合理加工使用。因此，我们要因材制宜，因材施艺，使材质运用与产品的形态、功能、色彩、工作环境匹配适宜、相得益彰。

（五）色彩要素

1. 华彩外衣

丰富、塑造形态时，色彩因素具有很关键的作用，它是包含在形态要素里的，形和色不可以分离开。人们看到一件产品，然后开始对它的属性产生自己的认知，这个过程中，最开始的 20 秒内色彩感觉占比 80%，形体感觉占比 20%；2 分钟后，色彩感觉占比 60%，形体感觉占比 40%；5 分钟后，色彩、形体感觉各占比 50%。所以，人们看到一件产品时产生的第一视觉印象就是色彩，它的地位远高于形体及质感。如果去除色彩因素，产品的认知度就会降低，形态也无法发挥作用。

2. 产品设计中色彩的运用

以下列举几项色彩在产品设计中常用的手法：

（1）以人为中心的产品色彩设计

产品色彩的设计是围绕着人展开的，所体现出共性与个性、普遍和多样的辩证统一设计原则。举例来说，电脑桌、办公桌椅之类的带有办公性质的产品色彩相对沉稳简约，多用灰、黑色系，而儿童产品的色彩则会更加活泼、鲜艳。办公室的形、色属于理性的心理感受，而儿童产品的形、色更加感性化，这就体现出色彩以不同群体的特点及需求为中心，与形态属性一致的原则。

（2）产品色彩符合美学法则

"简洁就是美"，它要求产品形态结构简单、利落的同时，也要色彩单纯明朗。单纯明朗的色彩，有一定的主色调，达到对比与调和等审美要求，并且符合时代审美需求，根据不同产品的功能、使用环境、用户要求，以及颜色的功能作用等进行设计。

（六）人因要素

产品最重要的功能就是改善人们的生活环境，为人类更好的服务，所以现代工业产品设计更多聚焦在人的身上。逐渐形成了人体工程学、工业设计心理学等学科，也会站在消费者的角度思考她们对产品的需求特征。20世纪80年代，人们提出了"以人为本"的设计理念，不仅要关注产品的使用功能，还要关注人的使用特性。设计产品的时候要最大程度地接近人的行为方式，顾及人的情感体验，提高使用者的生活品质。

1. 以人为核心——产品设计的可用性原则

（1）人的尺度——产品形式存在的依据

设计产品时要考虑到人在生理和心理方面的尺度，人的尺度就是人体每个部分的尺寸、比例、活动的范围等，一般可以用测量的方式获得，它能够调节人机系统，是人、机、环境关系的基础，另外，它是一个群体性概念，民族、地区、性别、年龄等不同，尺度也会有差异。它是处于动态变化中的概念，同一类群体，在不同的时间段，也存在很大的尺度差异。大多数情况下，人体尺度是产品形态存在的基本依据。以捷克的工业设计师克瓦尔剪刀设计为例。捷克的工业设计师克瓦尔1952年设计的剪刀在西方国家引发了一场剪刀变革。他研究工人的手部创伤、水肿的病案，采用一种试验的概念，用软泥灰包裹气钻、铁锤的把手，然后根据手留下的痕迹设计新的手柄和把手。他的设计形态均为有机造型，极富雕塑感和人情味。克瓦尔的设计具有重要的史学意义，因为他的设计采用"试验的概念"来获得造型的依据。从某种意义上说是一种准科学。

（2）人的极限——产品的容错性设计

人有各种各样的生理上的局限，人会疲劳，人的知识和记忆既不是非常精确，也谈不上可靠；人很容易受到个性、情绪的影响，这会使人的能力产生变化和波动。这样就容易出现差错，大概有以下两种：

一种是错误，错误是有意识的行为，是人对自己在做的任务考虑不够周密或作出了不合适的决策，而造成的出错行为。

另一种是失误，它是使用者的下意识的、无意中出错的行为。举例来说，看到消息后，想点"阅读"键但却无意识地按到了"取消"键；当人沉浸在自己的世界里思考问题时，突然受到类似于被人拍了一下这种外界刺激，就可能把脑海中在思考的事说出来，这是内在意识和联想带来的失误；如倒完水把瓶盖盖到其他杯子上这种行为，都算是失误而非错误。

差错会给日常作业带来很大的影响，但又很难避免，从可用性层面来看，可以从两个方面来应对差错：差错发生前就做好预防工作，尽量避免它的发生；或者提高敏感度，在察觉到差错时及时纠正。

具体的应对方法如下：

增强预防意识，减少错误行为发生的可能；准确地说明、指出可能产生的差错；失误后立刻察觉及时改正。

（3）人的习惯——产品设计中的易视性、易学性和及时反馈

易视性，是指与物品使用、性能相关的部件必须显而易见；反馈，指使用者的每个动作应该得到及时的、明显的回应。易学性是使学习的内容能迅速与原有的知识结构（图式）发生联系，并入到原有的语义网中。

易视性指产品设计中存在说明和差异，并且这种说明和差异变化可见。比如，设计师处于美学上的考虑，将物品的某些部件隐藏起来，或者将有提示作用的符号、部件和说明做得很小，从可用性角度而言是不合适的做法。

人们的学习机制告诉我们，正确操作的关键之一是其行为结果有相应的反馈，确保用户了解个人操作的后果，及时调整操作，避免错误的行为。

产品设计就是努力使产品适合人，而不是让人去适应产品，因为人本身才是一切产品形式存在的依据。

2. 产品设计的社会角色——情感交流的载体

现代城市处于高速发展的状态，人们生活节奏越来越快，周边的产品也时刻影响着人们的情绪。人们的需求层次逐渐提高，产品也随之进步、完善。从最开始为了生存使用的石块到现在样式繁多的电子产品，产品也在努力适应人们日益增长的物质文化需求。现在，产品已经不再是简单的工具，逐渐由"工具化"转变为"角色化"，人们可以借产品表达自我，也可以借产品承载感情。当人们为赠送给别人而购买产品时，产品就会成为礼品。礼品可以替购买者传达情感和意愿，这时它就具备了使用性，在此基础上还需要有象征性及审美价值，具有纪念的意义。

产品自身也可以传达情感，当这种情感和购买者自身的感情、记忆产生呼应时，就会成为备受欢迎的好产品。在此意义上，产品就不再是纯粹的物质形态，而是设计师和购买者进行情感交流的载体，也就具有了生命感的物质形态。

现在的产品不再只是日用品，它的社会角色逐渐变为可以影响人们情绪的有生命感的物质载体。

二、现代产品设计的特点

现代的产品设计既要考虑到产品自身，也要顾及系统和环境带来的影响；既要关注到技术层面，也要想到可能产生的经济、社会效益；既要关注当下，也要思考未来。

传统的设计方案以经验总结为基础，依据力学、数学形成的经验、公式、图表、设计手册等，通过经验公式、近似系数、类比等方法进行设计。它基本上是一种以静态分析、近似计算、经验设计、手工劳动为特征的设计方法。现代设计方法与传统设计方法相比，主要完成了以下转变：

第一，产品结构分析的定量化。

第二，产品工况分析的动态化。

第三，产品质量分析的可靠性化。

第四，产品设计结果的最优化。

第五，产品设计过程的高效化和自动化。

经过进一步的分析和研究可以发现，现代产品设计还具有以下一系列特点：

（一）创新性

现代产品设计的核心是创新性。当今已跨入知识经济时代，创新是现代企业的活力之本、财富之源。创新能力是企业的核心竞争力，新颖性、先进性和实用性是创新的基本属性。新颖性也是申请专利的必要条件。只有不断推出新产品、新材料、新工艺，开辟新市场、建立新的原材料和半成品供应渠道，才能使企业具有可持续的竞争力。从事现代产品设计和开发，不创新是没有出路的。苹果公司推出的平板和手机使其鹤立鸡群，谷歌公司以搜索引擎、邮箱、电子地图、云计算等为先导，广泛进入互联网的各领域，而近来社交网络大有异军突起之势，创新都给它们带来了巨大的商业利益。我国也有一些拥有自主知识产权的创新，如航天材料、100 万伏超高压输变电系统、高铁技术的创新等。但这些远远不能适应发展的需要，当前我国正在进行产业结构调整，产品也要完成从低端产品向高端产品的过渡，这就更离不开创新。

创意是产品的核心与灵魂，没有创新性的产品很难在竞争激烈的市场中获胜，没有创意也无法实现质的飞跃，也很难被知识产权保护，最后会深陷价格战的泥潭。北大方正激光照排系统是一个成功的创新范例，它引起印刷业的一场技术革命，从此甩掉了检字、铸字等传统技术。

（二）使顾客满意

设计的出发点和归宿都必须以顾客满意为最高准则。顾客如不满意，产品就会因销路不佳而断送。影响消费行为的第一要素，就是顾客的"口碑"。据统计，一个顾客对商品的感受，平均会向 13 个人传播。顾客是否满意是判断产品质量好坏的最终标准。因此，在设计和开发之前，必须搞清产品的市场定位、消费群体及其期望和需求。在设计过程中，必须设身处地的为顾客着想，充分考虑如何满足其明确的和隐含的要求。

例如，某汽车厂在其普遍受到欢迎的 5 吨载货汽车的基础上，开发了 6 吨载货汽车，由于通用零部件很多，开发较容易。但是，没有想到顾客却不欢迎，这并不是车的质量有何问题，而是购置者大多是从事个体运输的业主。他们期望更大的吨位，如 8～10 吨。因为当时过路过桥费是以 5 吨车为分界的，对于 6 吨车和 10 吨车来说，收费一样多，而长途运输过路过桥费又占运输成本的很大比例。显然，同样只需要一个驾驶员，10 吨载货汽车的运输成本要低很多。因此，6 吨载货汽车没有"火"起来，就不足为怪了。这就是厂方只考虑自己开发方便，而不清楚顾客是谁，以及他们的需求所带来的后果。

（三）优化

产品设计是一个决策过程。实现产品要求的方案不是唯一的，如何获得最佳方案和结果是关键。优化可以在满足产品质量要求的前提下，提高产品的价值，提高人—机系统效率，降低采购和加工成本，从而达到最理想的效果。因此，在整个设计过程中，如何优化应是设计人员自始至终高度关注的问题。根据设计公理，可以建立新的优化思路，在满足独立公理的条件下，所需信息量最小的方案，就是最佳的。传统的优化设计方法，在无法建立数学模型时是难有作为的。在参数和容差设计方面，田口方法已臻于成熟。而在原理方案和结构方案的优化方面，则还需积累经验。产品设计的最佳方案要从技术、经济、环境和人—机工程等多角度综合考量，所以，解决这类问题往往要靠专家系统及发扬团队精神，只有发挥集体智慧的优势，才会收到事半功倍的效果。

（四）设计和开发周期最短化

在当今激烈的市场竞争背景下，设计和开发一种新产品，就像在战争中抢占制高点一样，谁先抢占了山头，谁就具有居高临下的主动权。市场上往往有多家公司闭门开发同一原理的新产品，谁先成功并获得专利，就意味着率先引导市场潮流，不仅可以直接从新产品的销售中取得巨大利益，而且还可通过转让知识产权获得高额回报。因此，这种"时间差"极易成为制胜的法宝。今天，设计工作的质量管理必须立足于一次就把事情做好，力争做到一次成功。为避免设计出现反复，达到一次成功的目标，就必须采用许多先进的技术，如防错设计、设计的失效模式和影响分析、试验设计、仿真技术和并行工程等。

（五）智能化

智能为智力与能力的结合。智能化重在发掘一切智能载体的潜力，为设计服务。特别是可以利用计算机替代人脑（如推理判断、联想思维等），以克服人脑的运算精度不高、速度慢、易疲劳、存储能力有限、易产生差错等缺陷。

智能化主要是指用计算机的程序来替代人的智能，如用其求解问题，用计算机代替人实现某些操作和控制，计算机辅助设计，专家系统（知识库），模糊识别（如核磁共振、计算机断层扫描），机器人技术等。

计算机技术发展之快，简直难以想象。今天，计算机的储存量不断增大，运算速度越来越快，各种应用软件越来越方便，体积则越来越小，甚至大量数据储存可通过云计算放置在外部的虚拟空间。如今，我们可以用计算机做复杂的数学运算（如进行有限元分析）、绘图，还可以自由地模拟、仿真，也能做到同步开展产品设计和开发制造过程。此外，在数据库中可以调用以往类似的设计经验，实现知识管理。因此，在设计中运用计算机，借助于计算机辅助设计技术，已成为现代设计和开发的一大特点。在设计中运用计算机产品集成工程，可使计算机辅助设计得到充分的数据管理和过程管理的支持，从而发挥更大的作用。

（六）综合性

设计是技术性、经济性、社会性、艺术性的综合产物。当今，设计产品的时候不能只考虑产品自身，还要想到它可能给系统、环境带来的影响；既要注重技术方面的问题，还要想到它带来的经济、社会效益；既要看到眼前，也要看到长远的未来。举例来说，设计汽车的时候要关注汽车自身的技术问题，也要想到驾驶员驾车时的安全程度、舒适度、操作的便利性等相关问题。除此之外，还要想到车子投入使用后的节能、环保、停车场地、道路行驶等各个不同方面的问题。所以，现代的产品设计要求在设计工作的过程中，把自然科学、社会科学、人类工程学和多种艺术、实践经验及思维方法融合到一起。它涉及系统工程、创造工程、信息论、可靠性、有限元、人—机工程、价值工程、预测学、计算机工程和多种数学工具等方方面面，必须综合驾驭，才能达到最佳境界。

第二节　现代产品设计的程序、方法与原则

一、现代产品设计的程序

产品设计有三大步骤：概念设计—造型设计—工程设计。

设计产品的第一步就是"概念设计"，它既是产品设计工作的开始，也是最终目的。产品的概念就是要确立产品设计的目标，是非常重要且复杂的工作，需要对消费者、市场、使用环境和状态和技术条件进行研究分析，然后以此为基础给出具有针对性的解决方的概述。

第二步就是"造型设计"，它要在"概念设计"的指导下开展，是设计师依据自身的理解，将头脑中的奇思妙想具体化的过程，一般通过草图、效果图或者

模型等设计语言，将预想产品的相关功能、结构、尺度、形态、材质、表面处理，以及色彩效果等内容形象、直观地表达出来。

"工程设计"是在"造型设计"之后，围绕着产品能够被实现和优化而展开的一系列深入细致的工程技术方面的设计工作。工程设计工作的完成意味着一件产品的设计工作基本结束。它是产品设计工作中必不可少的一环，可能会牵涉到机械结构、材料技术、加工工艺、电子控制……多方面的内容，要求设计师与工程师协同作战。

关于设计程序的介绍，因为站在不同的角度存在着多个不同的版本，这里分别对照"一般企业的新产品开发设计流程"和"教学中运行的产品设计程序"两个比较有代表性的程序进行一些说明。

在"一般企业的新产品开发设计流程"中，包括"产品规划—产品设计—工程设计—制造与销售"四个大的环节。众所周知企业经营以营利为目的，不同的企业有着不同的经营理念和经营策略，也就会有不同的"产品规划"策略和思路。产品规划在一定程度上左右着概念设计的方向，并制约着概念设计工作的质量；核心部分"产品设计"和"工程设计"的作用不言自明；企业运行过程中的产品规划、产品设计和工程设计的内容基本上与"概念设计、造型设计和工程设计"的内容相对应，而"制造与销售"是企业完整功能的自然延伸。

而在"教学中运行的产品设计程序"中，由"概念提炼—创意展开—产品形成—成果发布"四部分构成，是从设计项目任务的明确开始的，主要对应的步骤为前三部分，重点在产品的概念设计和造型设计能力的培养。因为在设计实践中工程设计部分的工作绝大部分由工程师来完成，课程中出于教学条件的限制与强化专业的需要，将这部分内容做应知性处理。相反，对于主体设计方案完成后，有关设计成果展示与推广的相关内容进行了强调，故最终落在了"成果发布"这一环节。

二、现代产品设计的方法

信息化时代的到来，使世界范围内的有效资源配置成为可能，这会推动全球竞争态势的形成。产品竞争的重点逐渐从早期的质量、价格、交货期和服务等基本的内容转变，为新技术、新产品、标准话语权、产品个性化等新的要求，想要在竞争中取得优势，就要持续学习并掌握新的、先进的设计方法和技术，这样才能保证产品研发一直处于领先的位置。

诚然，我国产品与国际先进水平的差距，各行业有所不同，基本的要求和新的要求兼而有之。目前，产品开发设计追求的目标，仍然需要做到高质量、低成本、短周期。

产品质量是以产品的固有特性满足要求的程度来表征的。因此，只有尽可能地满足要求，质量才能最大化，也即设计为产品创造了最大限度的可用性。

在现代市场竞争环境中，产品更新周期加快，使产品生命周期越来越短，而且产品越来越复杂、多样化，批量却越来越小。在这种情况下，产品的市场占有率、所创造的价值，在很大程度上，取决于产品开发周期。市场价值中重要的不再是大吃小，而是快吃慢。这里突显时间要素的特别重要意义。

设计是产品质量形成的起点，它决定了产品的固有质量。统计表明，与产品有关的差错约 80% 的原因与设计有关，制造成本约 70% 取决于设计。因此，设计过程不仅对质量和研发周期影响很大，而且同样要对产品的成本承担主要责任。

本书介绍了一些重要而有待普及的产品设计方法，旨在提高产品设计水平和创造能力、提高设计工作的效率，使设计出的产品能达到技术先进、易于制作、经济合理、使用可靠。

（一）质量功能展开

1. 质量功能展开的概念

质量功能展开（Quality Function Deployment，简称 QFD）是一种将顾客或市场要求，转化为设计要求的整机特性、零部件特性、工艺要求、生产要求的多层次演绎的分析方法，是使新产品具有质量保证的重要方法之一。QFD 是分析展开顾客需求的科学方法，是将市场目标与工程要求联系起来的最佳纽带。它具有广泛的适用性，可以在产品开发的整个过程中使用。能够开发新产品，也能够改造老产品；一般的产品可以用，大型复杂的高科技产品也可以用；硬件产品可以用，软件产品以及服务、管理领域也适用。

QFD 包括两个部分：狭义的质量功能展开和质量展开。前者就是把形成质量的功能和业务，以不同的层次，按目的手段系列中的步骤，进行详细展开到具体部分。后者是将顾客需求转换为产品质量特性（即产品的设计质量要求），并将其系统地（关联地）展开到功能部件、零件的质量要求、工艺要求乃至工序要求，如图 2-2-1 所示。

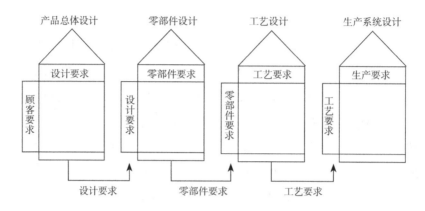

图 2-2-1 质量功能展开示意图

QFD 其实质是从需求质量和质量特性两个不同侧面对产品进行描述，然后用二维表的形式展开它们之间的相互关系，并且从质量保证的角度分析设计质量，同时平衡它与技术、成本、可靠性的关系。

由狭义质量功能展开和质量展开两个部分形成完整的产品开发、市场控制的逻辑关系，如图 2-2-2 所示。

图 2-2-2 产品开发、生产、控制框图

2. 质量屋

质量屋是 QFD 的核心结构，根据不同的应用目的，质量屋的构成也有所不同，但其基本思想和方法是一致的。一般完整的质量屋由六部分组成，如图 2-2-3 所示。

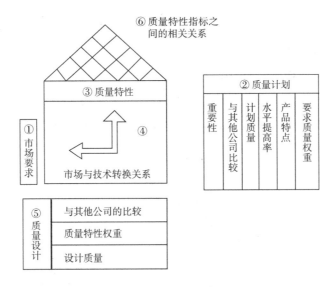

图2-2-3　质量屋

（1）市场要求

通常指顾客要求和社会要求，包括产品质量（Q）、产品成本（C）、上市时间（T）、服务（S）、环境（E）五个方面。

（2）质量计划

这里的质量计划是指市场要求的优先顺序及与竞争公司在各有关项目上的比较。

（3）质量特性

对产品、过程、服务等方面的要求，通常可通过智暴法列出满足市场要求的技术要求，让与会者评价。

（4）中心矩阵（市场要求与技术转换）

质量特性与市场要求的相互关系确定后，还必须确定这种关系的密切程度并用打分法加以定量处理，以确定质量特性的权重，从而明确技术要求。

（5）质量设计

应确定产品、过程、服务的具体质量，既要考虑竞争公司的技术状况，又要判断本公司的技术实力，从而确定采取开发、引进或人员培训、技术攻关等措施。

（6）质量特性指标之间的关系

由于系统内部各要素之间、各质量特性指标之间会出现矛盾或具有相同功能，不加以处理后续工作便无所适从，所以分析指标之间的关系相当重要。

3. 质量屋的构建程序

质量屋的构建程序，如图 2-2-4 所示。

质量屋由一个有专业人员组成的 QFD 小组来完成。QFD 是增强企业竞争力的有效技术，其优点在于不以企业的高投资、高自动化技术为必要条件，因而符合我国企业的现状。

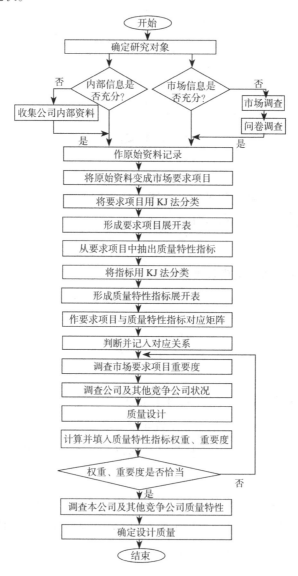

图 2-2-4　质量屋的构建程序

（二）稳健设计（田口方法）

稳健设计是一种降低生产成本、提高产品质量的统计分析设计方法。日本著名质量管理专家田口玄一于 20 世纪 70 年代提出的"三次设计法"[①]，确立了稳健设计的基本原理，奠定了稳健设计的基础。目前，田口方法已在全世界得到有效的推广应用。

1.稳健设计的方法

稳健设计的方法和往常的质量概念并不一样，它认为产品质量的高低，可以根据它给顾客造成多少损失来衡量。所以，田口认为质量就是避免产品出厂后给社会带来损失的特性，也可以用"质量损失"对产品的质量进行定量的描述。质量损失有以下几个方面：直接损失，如空气污染、噪声污染和有害化学物品、核泄漏等；间接损失，如顾客对产品的不满意以及由此导致的市场损失、销售损失和附加的诉讼、保险费用等。田口将货币作为单位进行质量量度，偏差的越大给社会带来的损失就越大，产品的质量也就越差。相反则质量更好。传统的应对偏差问题的方法是用产品检测筛选掉超差的部分或严格控制材料、工艺，来缩小偏差。为了定量描述产品的质量损失，他提出了"损失函数"的概念，如图 2-2-5 所示。

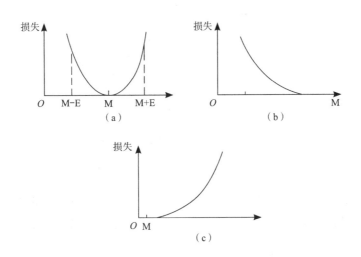

图 2-2-5　三种常用的质量损失函数

（a）确定目标值（b）目标值越大越好（c）目标值越小越好

---

① 陈立周. 稳健设计［M］. 北京：机械工业出版社，2000.

以图 2-2-5a 为例，产品不符合性能要求会造成损失。在性能要求的范围（M－E，M+E）内，也会造成损失，只有严格控制在目标值 M 上的产品，其质量损失才会为零。随着产品性能偏离目标值的程度加大，质量损失按抛物线增加。

损失函数使对产品质量描述得更为精确，因而它使工程技术人员可以从技术和经济两个方面，同时分析产品的设计和制造过程。质量不再只是质量部门、制造部门的话题，质量已渗透到产品生命周期的各个阶段和各个领域。

根据质量损失和损失函数定义，质量损失是由于产品功能特性偏离目标值引起的，偏离越大造成的质量损失越大。减少偏差（对单个产品而言）和变差（对一批产品而言）是田口方法的根本宗旨。图 2-2-6 所示为产品质量损失因素图。引起产品质量偏差的因素可分为可控因素和噪声因素。可控因素是指易于控制的因素，如材料选用、结构形式、结构参数等。噪声因素是指难于控制、不可能控制或控制代价很高而对产品质量又有干扰的因素，如，环境因素中的温度、湿度以及情绪等人为因素。

噪声因素通常是造成产品功能特性偏离的主导因素。它是产品生命周期中不可避免的因素。它与可控因素相互作用，使产品特性偏离目标值并造成损失。

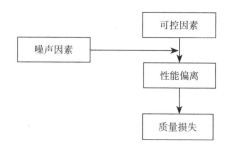

图 2-2-6　产品质量损失因素图

田口方法的基本原理是通过控制可控因素的水平和配合，使产品和工艺对噪声因素的敏感度降低，从而使噪声因素对产品质量的影响减少或消除，以达到提高和稳定产品质量的目的。田口提出的"三次设计法"即分三个阶段对产品质量进行优化：

（1）系统设计

应用科学理论和工程知识对产品功能原型进行设计开发，在这阶段完成了产品的配置和功能属性。

（2）参数设计

在系统结构确定后，进行参数设计。这一阶段以产品性能优化为目标确定产品参数水平和配置，使工程设计对干扰源的敏感性最低。

（3）容差设计

在参数确定的基础上，进一步确定这些参数的容差。

2. 线外质量管理的步骤与程序

线外质量管理的一般步骤和程序如下：

第一，根据市场需要提出产品的质量目标值及成本要求。

第二，产品设计部门根据上述要求基础产品的线外质量控制设计。

第三，工艺部门根据产品的加工工艺特点进行工艺方案的线外质量控制设计。

第四，产品制造过程中的线内质量控制。

第五，产品销售。

第六，产品售后服务。

在以上六个步骤之间不断进行反馈控制，确保了全过程以实现质量目标值为目的的质量改进。

（三）动态设计

现代机械产品向高速、精密方向发展，使机械系统的振动问题日益突出，具有良好的动态性能，已成为机械产品开发设计的重要优化目标之一。显然，传统的静态设计方法已远远不够，而需要考虑动态下的状况。动态设计是指机械结构和机械系统的动态性能，在其图样设计阶段就已得到充分考虑，整个设计过程实质上是运用动态分析技术，借助于计算机进行分析、辅助设计、仿真来实现的。

机械系统动态设计的主要过程是：一是对满足工作性能要求的产品初步设计图样，或对需要改进的产品结构实物机械动力学建模，并作动态分析；二是根据工程实际情况，提出对动态特性的要求或预定的动态设计目标；三是求解满足要求的机械结构系统的设计参数，或对机械结构及其动态特性的修改，这种修改一般要进行多次迭代，才能逼近最终结果。

机械系统的特性是指机械系统本身的固有频率、阻尼特性和对应于各阶段固有频率的振型以及机械系统在动载荷作用下的响应。

机械系统动态设计的主要内容有两个方面：一是建立动力学模型，为机械动态特性分析创造条件；二是进行动态优化设计，寻求最佳结构方案。

动态分析的主要理论基础是模态分析和模态综合理论，采用的主要方法有：有限元分析（求动力学参数）、模型试验（测定动力特性）及传递函数分析（进行系统的动态分析）。

应该指出，动态设计是一项正在发展中的新技术。它涉及多学科，一般难以准确定量，具体方法有待完善。目前，还只能普遍要求在设计时要充分考虑机械结构的静、动态特性，搞清其影响因素，改善其动态特性。

（四）摩擦学设计

摩擦是现象，磨损是摩擦的结果，润滑是降低磨损、减少磨耗的重要措施。机器的运转都依赖其零件副的相对运动来实现。这种相对运动必然会产生摩擦和磨损。因此，减少摩擦、降低磨损、改进润滑就成为机械及其他技术部门最普遍关注的重要问题之一。据统计，世界上的能源有 1/3～1/2 消耗在摩擦上。摩擦在多数情况下是有害的，会增加能耗、引起磨损。但是，摩擦也有其可利用的一面。一些机械就是靠摩擦来传动的，如，带传动、汽车驱动、摩擦压力机、摩擦离合器等。

磨损会使零件配合间隙增大、机器精度和效率降低乃至产生冲击载荷，更会加剧磨损，如此恶性循环，最终导致机器失效。据统计，磨损造成的损失是摩擦造成的损失的 12 倍。因此，减少磨损，提高机器的耐磨性，会大大提高机器的寿命和可靠性、简化维修、降低产品生命周期成本。诚然，磨损也有可利用的一面，如磨削、研磨工艺和球磨机等。

润滑是减少摩擦和降低磨损的重要手段之一。近年来，由于各个高科技领域的技术发展，以及在特殊环境（高温、低温、真空、辐照、腐蚀等）条件下，润滑和密封问题就显得更为突出了。

由上述可见，摩擦学对于国民经济具有重要意义。摩擦学涉及数学、物理、化学、材料学、流体力学、固体力学、流变学等众多学科的内容。摩擦学设计的基本内容包括：

1. 摩擦副设计

包括摩擦副的类型选择、结构设计、材料选择等。

2. 润滑系统设计

包括润滑剂和润滑方法的选择、润滑系统的设计等。

3. 状态监测及故障诊断系统设计

为了获得摩擦副运动状态的信息，并进行机械故障诊断，包括温度、振动传感器、油液监测器的设计或选用，信号传输的处理和分析等。

（五）反求工程设计

反求工程也称逆向工程，就是有针对性地消化吸收先进技术的各种分析方法和应用技术综合的一项新技术。它是设计人员运用自己的知识、经验和创新思维及各种现代设计理论和方法，对现有设计进行解剖、深化和再创造。由此发展来的反求工程设计则是一种非常实用的现代设计方法和技术。从广义的角度来说，反求设计是以物理对象（模型、实物、样件）、软件（程序和技术文档）、影像（图片、影视资料）为对象，研究这些对象的形态特征、工作原理、技术方案、功能、结构、材料可靠性等的一种技术。在机械设计领域，反求工程设计就是在没有图样或图样不全以及没有 CAD 模型的情况下，按照零件模型（原形），运用数字化方法和计算机辅助设计技术，重新构建原型的过程。

反求工程包括设计反求、工艺反求、材料反求和管理反求等各个方面。它以先进产品的实物、软件（产品样本、图样、程序、技术文件等）或影像（图片、照片等）作为研究对象，综合运用现代设计的各种理论和方法以及生产、材料等有关科学知识，进行系统分析研究，探索并掌握其关键技术，进而开发出同类新产品。反求过程的工作次序是：先进行反求分析，再进行反求设计。进行反求分析时，针对反求对象的不同形式（实物、软件或影像），应采取不同的方法。对实物为机器设备的反求，可用实测手段获得所需的结构、参数、材料、尺寸和性能等；对软件（如图样）的反求，可直接分析了解产品和各部件的尺寸、结构、材料等信息，但要掌握其性能和工艺则要通过分析、试验和试制；对影像（如图片和照片）的反求，可用透视法和解析法求出主要尺寸间的大小相对关系，通过与机器、人或其他已参照物的对比，求出几个主要尺寸，再推算其他尺寸、材料和工艺的反求，则都需要通过分析、试制和试验才能解决。

由于我国需要大量引进和开发国外同类先进设备，而其技术关键又保密，使我们面临如何消化吸收并进行创新再设计的困难问题。在这方面，反求设计尤其具有重要意义。

（六）产品安全设计

1. 概述

ISO9001标准要求设计输入文件包括适用的法律和法规要求。其主要是指应满足有关安全、健康和环保等方面的法规和所有强制标准的要求。

（1）产品安全性的基本概念

产品安全性是指避免产品可能对人身安全、健康和环境，以及对产品本身及其他装置带来危害所造成的财产损失。在这里，危险应理解为出现错误的情况下，可能导致人员的伤亡、疾病，或导致对装备的损害或损失。

产品必须保障使用者的人身安全，这是起码的要求。在发生人身伤亡的重大安全事故时，如，空难、矿难、海难、火灾、核泄漏、交通肇事以及有毒物质（毒化食品、添加剂等），都会引起社会的严重关切。同时，安全事故很可能引发严重的法律责任和经济责任。这些事故或灾难造成的损失，有许多都是由于设计不当造成的。

随着人民生活水平的提高，健康日益受到社会的关注。消费者对产品的成分，特别是有害物的含量，可能引起的副作用等问题，越来越关心，如绿色产品受到消费者的青睐。有利于健康是今天人们对生活的普遍追求。

对经济的发展已经不能仅从健康角度去评价环境质量，而且从经济本身的可持续发展来看待生态平衡的重要性。我们为此付出了沉重的代价，已成为社会的共识。近年来，空气和水资源的严重污染、水资源的匮乏、洪水泛滥和严重干旱交替出现、沙尘暴、稀有生物的大量灭绝等严峻的生态环境，使人们赖以生存的空间日益逼仄。因此，任何产品都应充分考虑到对环境是否友好。

说到产品的安全性，只讲对人身安全、健康及对环境的影响是不够的。因为如果发生导致产品损坏、功能丧失的事故，也会引起严重后果，这是顾客不能接受的。为此，必须在设计时，充分考虑到力求避免可能引起产品本身损坏以及其他装置损坏的预防措施。在这方面，将有关安全的质量特性列为关键特性，并在设计图样或其他文件中明确标示出来，以利于各相关过程的控制，就是一个有效的措施。

（2）产品安全性的重要意义

①产品安全责任法规日益完善，产品安全责任重大。世界各国都通过立法，明确了产品安全责任。许多国家和地区，实施了严格的产品安全认证。在我国，"产品质量法""消费者权益保护法""锅炉及压力容器安全规程""核工业的安全条例""电力建设规程"等法律和行政规章，对涉及安全的要求和责任十分明确。一旦出现产品或工程的安全责任事故，不仅会危及人的生命并造成巨大的经济损失。为此，我国也实施了涉及安全的产品的强制认证制度。在国外，安全责任事故起诉导致的赔偿金额动辄数以百万、千万，甚至上亿美元计，不仅使企业信誉扫地，甚至可能倾家荡产。这样可以收到迫使企业重视在设计时，就通过周密而严格的程序，采取安全防范措施的效果。反观我国则安全事故频发，这与管理不到位、处罚力度不足及执法不严有关。但作为设计人员，应在自己的职责范围内，设计时就充分防范安全事故的出现。

②对顾客负责。当今衡量一个产品或一项工程质量的唯一标准，就是顾客满意与否。在顾客要求中，安全性是第一位的，舍此根本谈不上顾客满意。每个企业必须本着对顾客负责的精神，认真落实有关法律、法规和规章，从设计开始就采取措施预防安全事故的发生。为此，设计人员必须熟知有关规定和标准，掌握安全设计的原理、方法和规范，还需要具有严谨、细致、认真负责的敬业精神。

③与国际接轨、开拓国际市场的需要。在国外，对涉及安全的产品，普遍实行市场准入制度。例如，1985年起，欧盟就规定了进入欧共体市场的产品应带有CE（CONFORMITE EUROPEENNE）标志，并陆续制定了一系列产品的指令，CE标志已成为进入欧共体市场的必要条件；许多国家规定，对远洋船只必须通过劳氏认证等。在ISO9001标准中，明确规定设计和开发输出应规定对安全和使用至关重要的产品特性。在ISO9004标准中，已增加了一个"产品安全性"要素，并作出有关产品安全性的一系列规定，同时，还提出在关键特性的识别和监控方面，要考虑健康、安全和工作环境，并对确保安全性进行风险评估。国际通用的OHSAS18000标准（正在拟订相应的ISO18000标准），明确规定了在产品生命周期内，对职业安全和健康的要求。随着我国加入世界贸易组织，对外交往进一步扩大，在设计中从根本上解决安全性的问题将日益突出。

（3）安全对策

在如何保障产品安全性方面，有两种思路、两种方法。一种是在设计和开发中就使其成为安全的产品；另一种是为了确保安全，向使用者逐一说明应注意的事项。事实上，依靠后者是不可靠的。例如，在使用煤气的产品时，尽管厂家一再在说明书中提醒用户，因燃烧时耗氧过多并产生一氧化碳，可能导致人因中毒窒息死亡，因而要注意正确安装、通风和煤气的泄露，但还是不能解决问题，煤气中毒者时有发生。若在设计时采用一种报警或自动熄火装置，就较容易避免这种意外伤害。由此可见，采用安全设计的方法，比督促使用者正确安装、使用要可靠得多。进一步分析，导致误操作（使用）的情况，大致有以下几种：

①人们倾向于更简便和更省时间的操作方法。一般人们习惯于不完全按照产品说明书的规定行事。许多人并不阅读产品说明书，而是靠已有使用经验的人来传授并使用的。

②一旦用自己摸索出来的操作方法获得成功，便会反复进行。有时不出问题，并不意味着永远不会发生问题。一些偶然事故，许多是由于改变了正确的操作方法而引起的。

③通常有很多人认为，只要加以注意就不会发生事故，而忽视安全操作程序。

④设计者认为不言而喻的常识与使用者的理解是不一致的。许多情况下，设计者当作常识而期望使用者会遵守，而事实上常常落空。

⑤采用培训顾客的方法，其效果是有限的。这时，还必须不断地监督和指导。而监督指导一经强化，人们就会产生厌倦、逆反心理。

然而遗憾的是，迄今与安全设计相比，设计人员更注重的是采用安全、正确的使用方法来确保安全。以往产品较少、结构也简单，人们较容易预判其危险所在，并懂得怎样采取安全措施来保护自己。在这种情况下，靠使用者的正确使用来保障安全，是可行的。但是，在产品变得越来越复杂的今天，对普通使用者来说，已经不可能轻易地察觉到产品的危险所在。应该说安全性是设计问题，需要用技术手段来解决。

2. 产品安全性设计原理

造成产品安全的责任事故的原因为：

（1）产品设计缺陷

常见的问题有计算不正确、使用了劣质的材料、检验不够、没有遵守安全设计规范。

（2）没有设置必要的安全装置

当产品的固有安全性不充分时，设计则应设置附加的安全装置，或在使用说明书中给用户以明确的警示。在多数产品责任中，警告的标志并不充分，特别是可以通过设计来保证产品的固有安全性，或可以通过防护装置来保障安全的情况下。在设计时预见所有合理的危及安全的情况，是对设计人员的基本要求。

（3）设计者没有预见到产品使用时可能出现的情况

在美国曾经有这样一个案例：一个人用割草机去修剪他的树篱并因此受到伤害，设计者存在疏忽吗？一般都会觉得是使用不当。但分析认为，割草机相对水平面倾斜超过 30° 时应不再运转，因为在这种情况下即使 4 轮着地也会翻倒。而修整树篱时割草机可能翻转 90°，但它还在转动。这个事实暗示设计有缺陷。同时，从这个例子可以看出，并不是所有的判断都是符合逻辑的，要求产品都是"傻瓜"型的。

产品的安全性设计在国内外都有许多标准、规范和规程可以遵循，既有机电产品安全设计通则，也有特定产品专业的安全规程。符合适用的产品安全标准、规范规程的要求，是产品安全设计必须遵守的准则。在申请各种产品的安全认证时，更应注意具体的、有针对性的要求。

（1）直接安全技术

常用的直接安全技术的原理和方法主要有：

①构件可靠性原理。为了确保构件的可靠性，设计时应力求做到：

第一，搞清构件的负载情况，避免出现过载状态，特别要防止出现脆性断裂。

第二，尽可能使材料具有一定的韧性，因为当应力分布不均匀，特别是有较大的应力集中时，韧性对于断裂来说，是有价值的安全因素。

第三，考虑材料性质可能出现的变异，必须注意辐射、腐蚀、老化、温度、介质、表面涂层及制造等因素，对材料性能变异的影响。变异往往是随时间渐变的，其中，脆裂最危险，例如，钢制过盈配合件遇到酸性介质，就可能出现氢脆引起的自裂现象。

第四，所选择的设计计算方法适用而可靠。

第五，在加工和装配过程中，按 ISO9001：1994 的要求，除零件工序检验外，增加"台阶检"，即出车间前进行零件全面复验，装配前经总检确认有关检验和记录完全合格。

第六，进行过载试验，以判定其可靠程度。

第七，严格限定适用范围。

②有限损坏原理。有限损坏原理又称小损失容许法。其思路是为了防止造成大的损失，而容许小损失发生。当出现功能干扰甚至零件断裂时，要力求把危险性控制在不致让整机受到损伤的局部范围内。为此，可采用特定的功能元件。在出现危险时这个功能元件先遭破坏，但不会引起整机受到损伤的事故，并且这种元件一旦损坏易于察觉。例如，高压锅内的气压超过安全限度时，安全阀就会自动放气减压，锅炉和压力容器也多采用这一原理；为了防止内燃机因缸体内冷却水冻结膨胀而将缸体胀裂，除防冻液外，还可以在缸体上设置结冰时会自动飞出的防冻安全塞；对可能松脱或断裂的零件加以限位，使其不致逸出伤害整机，如连杆螺栓的防松装置。

③冗余配置原理。如前所述，采用备用机组或零部件（如电站的备用机组、坦克中的备用发动机、飞机的副油箱等），是通过系统可靠性的有效方法。在这些系统中，通常装有可对失效进行报警的功能元件。当这种功能元件失效时，系统可自动切换到备用系统，以确保整机能持续正常运行。

④排除危险性。这方面的措施有：去除粗糙的边缘、尖锐的角和凸起部分，防止造成伤害，这对于液压系统尤为重要；合理设计机器中的空隙和间隙，避免人的手指、手臂、脚和头部被夹伤；金属表面的温度不要超过 60℃；电器绝缘物品应采用阻燃材料；使用电器烹调器具代替燃气具，以防止煤气中毒等等，彻底排除事故的隐患。

⑤限制危险性的程度。这方面的措施有：采用低压蓄电池，防止电击事故；安装溢流保护装置；在有可燃性物质存在的场所，采用半导体电子装置，以保证在环境条件下不超过其起燃限度等，来降低现实在存在的危险程度，避免人身伤害和物件损坏事故的发生。

上述排除危险隐患、限制危险程度的设计方法，可称之"彻底安全"法。

⑥隔离、阻断和连锁装置。这种原理得到了广泛的应用，例如，将易燃物质贮存在有惰性气体的容器中保存；火灾只有在可燃性物质、氧化剂和火源同时存在的条件下，才可能发生，如果将其任何一个因素隔离开，就不会发生火灾；对放射性物质要可靠地隔离使用和保存，这次日本福岛的严重核泄漏事故，迫使人类不得不反思如何确保不发生核事故的问题；汽车中的安全气囊和安全带；采用控制行程的限位开关，防止机床操作时的撞车事故；采用连锁装置，防止误操作引起的事故；对于高速旋转的物体，在设计上应采用即使由于离心力过大，也能确保所产生的物件碎片不致飞出的结构等。

⑦安全防护装置。设计使用安全防护装置是为了使产品保持安全状态，即使在发生故障时也不会受其影响，不会造成人身伤害和物件损坏。例如，采用断路器或熔断器来切断电源；当煤气罐内部压力达到限定值时，为防止爆炸而自动停止向其供气等。

安全保护装置设计的优先保护顺序为：人、环境、机器、防止功能被破坏和引起生产率下降。

（2）间接安全技术

间接安全技术的指导思想在于预防，立足于无论事故发生与否，如何避免和减少损伤。常用的方法有：

①防护装置。例如，对物体运动部分设防护罩，防止接触性伤害；在高压电路和高压装置周围，安装护栏等。

②防护用具。这是指为使人不受到伤害而穿着和佩戴的服装和器具等，例如，防毒面具、防辐射服、太空服、防弹衣、阻燃材料内衣、安全头盔、安全鞋、防护镜以及在客机中配备的氧气面罩等。

③配备救生器具。当事故已发生并无法使其恢复到正常状态时，必须设法使人脱离险境。在这种情况下，逃脱和救生器具是必不可少的，例如，安全门、安全梯、救生服、救生船和降落伞等。因为这是减少事故损失的最后手段，所以，在设计上必须保证这些装置的功能，在事故发生时要有效、可靠并在紧急状态下易于操作使用。

（3）指示性安全技术

指示性安全技术是一种补救性措施，常用的方法有：

①报警装置。报警的方法通常是采用监控装置和警告提示等。监控装置的作用是通过监视温度、压力等参数，表征系统的运行状况，一旦出现异常及时报警，以避免意外事故的发生。警告提示，例如，在公路上标明转弯、交叉口、铁路道口等地段标志，高压、河道危险等标志，汽车燃油余量的显示，头顶部注意的标志，开关及电路切断器的标牌等。

②标明使用方法。如果在设计上没有标志产品安全的适当方法时，作为最后的手段，可以采用向使用者指明安全使用程序和方法。无论什么产品，向使用者提供保证安全的产品使用说明书，是供货方必须履行的义务。

三、现代产品设计的原则

（一）需求原则

所有设计的出发点和最终目的就是满足客户需求，让顾客对产品满意，这就要求设计产品时要明确顾客的需求，需要格外注意以下几点：

1. 切忌"闭门造车"

要准确了解市场的信息，把握市场的发展脉络，积极进行市场调研，为最终设计成功打下基础。一定不要脑袋一热做决定，也不能想当然的用自己的主观想法去推断。

2. 应以动态的角度来观察顾客需求

顾客的需求不是一直不变的，会因为时间、地点、环境的不同而发生变化。所以，设计产品的时候也要积极适应变化需求，根据市场情况作出合适的调整，也要跟上产品的升级换代，不能太过落后。

3. 识别隐需求

顾客需求包括明确的（显需求）和隐含的（隐需求）两种，所及设计产品时既要关注显需求的变化情况，也不能忽视隐需求，要在设计的过程中落实、满足他。

（二）创新原则

一项设计如果在整体上和局部上都没有新意，其先进性和持续竞争力就根本谈不到，其产品生命周期会很短促。所以说创新是设计的灵魂，但是也不能刻意追求创新而不顾其他。首先，必须适应顾客要求去创新；其次，在采用新原理、新技术、新工艺、新材料、新结构以上水平的同时，也必须考虑现实的可行性和经济的合理性。

（三）信息原则

设计和开发的过程，就本质来看也是设计内外部空间持续反复信息交流的过程。这里说的信息包含市场信息、设计和开发需要的各种科技、测试、评审信息和研制过程的工艺信息、前人设计经验的信息等。设计人员必须全面、充分、正确和可靠地收集和掌握与设计有关的信息，这是保证设计工作的质量，杜绝不应有的差错的重要前提。

（四）简化原则

很多设计实践活动都向我们证明了，保证产品的功能不受影响，要尽力选择简单的设计。这对降低成本、保证产品质量、提高产品的可靠性很重要。设计人员一定要明确，越复杂的产品越不可靠。

（五）定量原则

现代科技高速发展，随着计算机的普及应用，设计领域也有机会实行定量化。定量化具有使与设计相关的信息分析更加准确有效的优点，可以提升设计的科学性。所以，不仅要对技术参数进行明确的定量，对其他活动也要尽量采取定量评价。举例来说，可以采用方案的比例评定法、价值分析法、模糊数学评定法等。当然，定量评价对设计管理科学化也有重要的意义。

（六）时间原则

设计人员要尽力减短设计、开发周期，也要清楚地意识到市场会在设计研发新产品的过程中发生变化。所以，确定新产品研发决策规划的时候，要预估未来可能产生的变数，包括但不限于顾客需求、同行业产品发展动态，以及技术上的变化等，积极做好应对方案。不然，研发出来的产品无法适应市场的需要，会造成很大的浪费。

（七）合法原则

合法是指符合法律、法规的规定，符合国家的政策，以及遵守强制性标准。

1. 遵守法律和法规

在设计和开发中涉及的法律和法规主要有：标准化法、专利法、产品质量法、环境保护法、合同法、消费者权益保护法、进出口商品检验法、食品卫生法、海关法、生产许可证条例、出口质量许可证管理条例、产品认证条例。

此外，对于出口产品来说，还要考虑到出口市场所在国家或地区的法律法规，如，欧盟有涉及安全产品的 CE 认证、环保产品的 ROHS（《关于限制在电子电气设备中使用某些有害成分的指令》，Restriction of Hazardous Substances）认证等。

2. 遵守政策要求

在设计和开发中常会涉及贯彻有关政策的问题，如节能减排、限期淘汰产品、技术改造的方向、设备引进以及与外方联合开发等。

在 ISO9001：2008 中，明确要求：证实组织有能力稳定地提供满足顾客和适用法规要求的产品。因此，设计人员除了努力精通自己的专业知识外，还应熟悉有关法律、法规和政策，以便在设计和开发中认真贯彻执行。

第三节　现代产品设计中的创新思维

一、创新思维概述

创新思维就是思维结果有明显的新颖和独特之处。创新思维潜在于人们的潜意识里，它以科学思维为基础，去调动、激发人们的联想、幻想、想象、灵感等潜意识的活动，摆脱思维定式，获得更高层次的思维方式。开发创新思维的目的是研究和教会人们怎样开动脑筋，进行创造和革新，怎样发现和解决新问题、突破新难点，推动科技进步。创新思维在整个创新过程中具有重要的地位。因为在创新活动的前半期，是进行创新思维活动；创新思活动的后半期，是把创新思维付诸实施。

（一）创新思维的本质

创新思维是在逻辑思维、形象思维的基础上发展而来的最高级的思维方式，是人类智慧最集中表现的一种思维活动，是各种思维方式综合作用的结晶。各种思维关系如图 2-3-1 所示。创新思维包括灵感思维、直觉思维和顿悟思维，是人们的潜意识活动。人在自己最优的心理状态下获得强烈、明快的创新意识，然后促使大脑中已经存在的感性、理性知识信息以最佳的科学思路，借助灵感、想象等重新组合排列深化，达到创造成功的目的，这就是创新思维。创新思维重点在于改造外部世界，它能否产生与整体的社会环境紧密相关，想要对创新思维进行检验，可以看思维成果是否新颖、独特，是否有所突破，是否具有真理性和价值性。

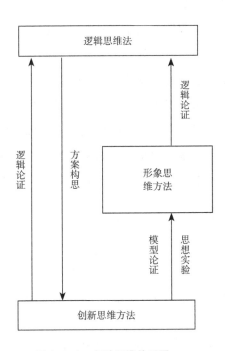

图 2-3-1　各种思维关系图

逻辑思维和形象思维是根据已知条件求结果，思维呈收敛趋势；而创新思维探求该目标能够存在的环境和条件，思维呈发散趋势（图 2-3-2）。

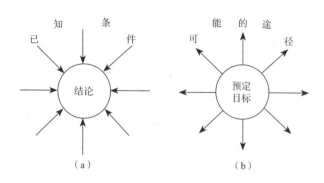

图 2-3-2　发散思维和收敛思维

（a）收敛思维　（b）发散思维

（二）创新思维的规律

很多科学、艺术事例表明，科学创造与艺术创造在根本上具有一致性，这两者的创造性思维都符合思维组合律。人脑具有对储存的信息进行加工、组合成为新信息的能力，所以人脑也可以算是特殊的信息处理器。

创新思维就是给人脑中各种各样的信息赋予一种全新的整体性的联系。系统可以在各个元素间建立起结构并将其整体的功能发挥出来，它是有联系的各元素的集合体，也能够根据要求在时空上进行重新组合。思维主体在储存于脑海中的信息间建立新联系，与系统是各种信息有机联系的整体组合有对应关系。

（三）创新思维的组合

1. 系统组合律

由创新思维的系统组合律可知，创新思维的结果，是很多不同元素依据一定的结构组合成的系统，并不是简单、机械的元素堆砌。可以说，创新思维是人脑进行新概念创造的系统性活动。思维的主体要把元素、结构、功能、环境等建构起来，创新思维才能构成观念系统。这里提到的环境有两种：第一种是创新思维进行时创造主体身处的社会历史条件、个人知识储备、经验积累等，第二种是主观系统在转化为客观系统时所处的具体环境。

主观组合的观念系统可能无法在外部世界中找到客观的对应物，这叫作主观系统；可以找到客观对应物的观念系统叫作客观系统。思维主体组合的系统是外部世界系统性和统一性在人脑里的反映，它也是系统组合律的客观基础。创新思维要依据功能、环境和元素找到特定的元素及结构，以此构成主观系统。人的创造活动就是把思维元素转换为具有可行性的观念系统，然后再把主观系统转换成客观系统，在这一过程中不断反复的进行组合、选择，并在逐渐深化认识时渐渐达成改造客观世界的目的。

2. 形式组合律

分解客观事物后，可以得到多个不同的子系统。再对子系统进行分解，可以得到构成元素，到没办法再分解的时候，最终得到的就是基本元素。基本元素的来源是对客观系统的认识。所有事物的构成及创造都可以在时间和空间上表现出来。举例来说，可以称文章这种组合为一维空间的创造，可以说绘画是二维空间创造，雕塑和机器则可以说是三维空间的创造。

假如创造主体组合新概念系统的时候，只是把元素简单且机械地组合起来，就可以称这种组合方式为形式组合律。最简单的形式组合律发生在一维空间，具体表现就是元素在一维空间上进行排列组合。如果不讨论创造思维成果的可行性，就可以认为思维形式组合律是形式化的规律。

形式化的创造思维活动就是创造主体把大脑里已有的基本元素调动起来，依据一定的关系组合成复合元素的过程。把复合元素聚集起来构成复合空间，其中每种排列组合方式也都各自为一个结构，再把所有结构聚集起来可以构成结构空间。

（四）创新思维的特点

1. 独创性

独创性表现在它不受外界的干扰，不受已有知识、经验的限制，不附和、屈从于任何旧有的或权威的思路和方法，而能独立思考，独具见识，提出创意。因而，具有独创性的同时，一定具有新颖性。新颖性是指创新事物得出的成果应是全新的，即率先的、前所未有的，而不是在人类以往知识内已有的。所创新事物的新颖性有局部与整体范围的区别。新颖性的程度，决定了创新思维的价值。新颖性是申请专利的必要条件。创新思维的独创性还体现在其怀疑性、挑战性和自变性。怀疑性是指对人们司空见惯、习以为常、认为理所当然、完美的事物敢于质疑。具有什么都想问、都要问、都敢问的精神，就会善于发现问题，探求解决问题的思路和方法。挑战性体现在力破陈规、锐意进取、勇于向旧的习惯势力挑战。创新思维的结果一般都是以"反常"面貌出现的，开始时很难得到一般人的赞同和支持，因而常会受到人们的干扰和外界的压力。这就意味着挑战性与抗压性并存。自变性是指能够主动否定自己，勇于挑战自我，常常会突破自我边框，不断产生新的思想。

2. 求异性

求异性就是一个人与其他人看见了同样的事物，却可以想到与其他人不同的观点和事情。创新思维可以让人对固定的、相同的问题提出新的、独特的观点，以及尽可能完善的设计、方法、方案和可能性。

3. 想象性

没有想象就不会有创造。想象是其他思维形式，特别是逻辑思维所不允许的，但是创新思维却离不开想象。没有想象力、没有创造才能和开拓解决问题的创新思维，就没有超越常规的设计能力。

4. 灵感性

有人把灵感的产生视为狭义的创造，可见灵感在创造中的作用。灵感往往来自联想。处于灵感之中的创新思维反映人们的注意力高度集中、想象力骤然活跃、思维特别敏锐和情绪异常激动。

5. 潜在性

创新思维的潜在性往往表现为人们并非自觉的，好像是未进入认识领域的一种思维。潜在的创新思维（或潜意识）在解决许多复杂问题时，往往有重要的作用。潜在的创新思维经常会在精神松弛时表现出来。

6. 联动性

创新思维要能用"由此及彼"进行思维延伸。这种联动性常以三种形式出现：

第一，因果联动。发现一种现象后，立即去探求其产生原因和可能的结果。

第二，横向联动。发现一种现象后，就联想到特点与之相似、相关的事物。

第三，逆向联动。看到一种现象，立即会想到它的反面、反向。

（五）创新思维的类型

1. 直观思维

直观思维就是人们不对问题进行详细、逐步的分析，会在听到问题的时候直接对它的答案进行合理范围内的猜测、设想、顿悟的一种具有跃进性的思维。直观思维更重视宏观层面。与逻辑思维的微观视角不同，它把注意力放在事物的整体层面。举例来说，牛顿从苹果落地获得灵感，发现万有引力；阿基米德洗澡时发现了浮力，在创新活动中，直观思维具有很重要的作用。

2. 形象思维

形象思维是观察具体的现象，然后对客观世界进行整体性的反映和认识的一种思维。它会表现出比较高的创造性。设计的过程中，最重要的就是与众不同，要创造出大家没有见过的新形象。设计人员要积极运用形象思维，丰富自己的想象力，创造出具有美感的造型和形象。

3. 逻辑思维

逻辑思维又称抽象思维，是指以概念、判断、推理的方式，抽象地、条分缕析地、符号式地反映和认识客观世界而进行的思维。这种思维方式，特别关注逻辑性，在设计中所进行的科学分析必然要符合逻辑性。将形象思维与逻辑思维紧密结合，才能使产品的功能与形式相得益彰，形成更好的创造力。

4. 联想思维

联想思维是人们因一件事物的触发，而联想到另一事物的思维。联想能克服两个不同概念在意义上的差距，并由此可能产生一些新颖的思想。

要实现创造，需要大跨度的联想，即将两个似乎毫不相关的概念、事物联系在一起。这往往需要经过若干步骤（一般最多4~5步）和形式的联想才能实现。例如，水和输送机的联系是经过水—水车—链条—输送机一步步建立起来的。由于输送机是给定的目标，故称这种联想为定向联想。由于创造和活动总是有目的性的活动，它通常要通过定向（目的性）联想来达到目的。因此，定向联想在创新思维中具有重要意义。

5. 幻想思维

幻想是指与某种愿望相结合，并指向未来的一种想象。想象力是形成幻想的能力。过去有许多关于未来世界的幻想，如上天入地、千里眼、顺风耳等。幻想思维可以直接激发创造活动。幻想的突出特点是它脱离现实性，可以向任何方向发散。幻想这种从现实出发而又超过现实的思维活动，可使人思路开阔，思想奔放，是引出创造发明的重要途径。

6.灵感思维

灵感思维是人们的创新活动达到高潮后，出现的一种最富有创造性的思维。它往往以"一闪念"（顿悟）的形式出现，使人们的创新活动实现质的飞跃。这种顿悟是建立在一定的知识和经验积累基础上的，其爆发需要相当的功力。灵感思维具有引发的随机性（具有偶然性）、出现的瞬时性（常表现为"茅塞顿开"）、目标的专注性、内容的模糊性（因为新的线索并不清晰）和结果的独创性等特点。灵感的诱发往往是出于联想、激发（如在讨论或争论问题时受到别人想法的激励）和自己的省悟。

7.侧向思维

侧向思维是一种把注意力转向本领域之外的新领域的思维，它往往可以找到新的思路。运用侧向移植、侧向外推和间接注意等形式，借鉴其他领域成果嫁接出新成果。许多边缘科学和交叉学科就是靠侧向思维产生的。

二、创新思维的原理

任何事物的发展，都有其基本原理，掌握并遵循这些基本原理，人们才能自由地创造。创新思维的基本原理有以下六点：

（一）压力原理

压力是驱散懒惰、激发强烈的事业心、求知欲和永不枯竭的探求精神，进而产生动力的最有效的条件。人的智力只有在各种主客观要素形成的强大的压力场内，才能真正释放出全部能量。这种压力包括自然压力（适应自然界的新环境）、社会压力（社会制度形成的竞争压力）、经济压力（经济刺激对智力发展的影响）、工作压力（为生存和晋升必须完成任务和达到目标）、自我压力（对自然界和所从事的事业的兴趣及吸引力）。

（二）发散原理

发散思维又称辐射思维，是指根据问题的已有信息，思维可以不按常规，而是顺着不同的方向和角度，也不受范围的限制从多方面寻求解决问题的各种可能性。发散思维模式提倡多方面、多角度、多层次的思维，具有流畅、变通、独特等诸多特性。

搞机械设计的多数人员往往被绘图、计算和编程等繁琐的收敛性工作所束缚，使设计人员陷入事务性工作中不能自拔，以致很少宏观地、发散地考虑整体和全局的问题。因为发散性思维不拘泥于一得一失，而是多向流动、多元交叉、逆向思考，所以机械设计人员也应抽身出来，进行发散性思维，以提高创新能力。通过看到"天外有天"才可能开拓新领域。传统的车靠轮子，由于轮子与地面有附着力，才能滚动行走，而磁悬浮列车和气垫车则是根据完全不同的原理而研发的。

（三）激励（触发）原理

激励原理是指创造和提供一定的条件，促使事物的内在矛盾的转化，即产生从量变到质变的过程。由控制论可知，任何系统（包括人或机器）都是在不断地将输入（信号、物流、能量）进行改造，将其转换为所需的、能级更高的输出。

（四）轰击原理

这里的轰击是说信息的轰击作用。自然界发出信息，借助它们去发现和认识，人的智力就需要信息来触发。所以，人在大量且有效的信息传递场中，才能充分开发和施展自己的智力。因此，增加信息量、提高信息的准确率、加快信息的传播速度，具有重要意义。互联网的出现，引起了信息革命。在今天，信息高度发达，充分利用互联网，多看、多听、多写、多想、多记、多接受培训、多考察、多交流，就可以用更多的信息去轰击大脑，让大脑释放出潜在的能量，从而通过创新思维去认识和改造客观世界。

（五）流动原理

人被固化在一个环境中，极易导致智力的"僵化"。人们在认识世界时看到，一切都在运动。生命的本质是能量流动，当能量流动停止，生命也会随之结束。人在相对稳定或定向的流动中，才能处在对应的能级结构里，这样就可以发挥自己的智力，体现自己的价值。但流动也会有方向和渠道，盲目流动容易破坏平衡，对创新会起到副作用。所以，流动也应该遵循一定的原则：

1. 按兴趣和爱好流动

人的兴趣和爱好对创新思维有积极的影响。因为强烈的兴趣可以集中人的精力和注意力，使思考问题时能专心致志，从而仔细观察、深入思考，激发出创新思维。

2. 按照智力层次结构的转化规律流动

面对的问题有深度、广度、难度、速度、质量等不同的区别，各种工作也有简单和复杂之分。因此，需要各方面、不同层次的人员加以配合，才能很好地完成。在这种情况下要按智力转化的规律，不断进行层次间的反馈调节，进行上、下、左、右流动，才能充分开发智力。

3. 按照受阻迁回方式流动

河水向下流动，奔向大海的目标不变，当遇到某种阻碍时，并不停留，而是巧妙的迂回，从两侧绕过。由此，可以得到重要的启示：人遇到阻力时，也可迂回流动到适于发挥自己智力的地方去。

4. 按照学术发展渠道流动

近代科技发展突飞猛进、一日千里，学科即细化又综合化，只有积极开展学术交流，启迪人们的创新思维，寻求捷径，才能最大限度地发挥人的创造性。

5. 按照国家的发展战略的需要流动

只有把个人的兴趣和爱好与国家的发展战略结合起来，善于根据战略的需要来选择和调整项目，才能获得更多的所需资源，并使科技迅速转化为生产力。为此，在创新选题上，应力求符合国家战略发展的需要。

（六）调节原理

选择一个突变的创新目标并进行适当调整，对提高创新的成功率和创新成果的质量，有着重要的作用。原来选定的创新目标，随着各种主客观条件的变化，而需要动态调节，因势利导，以与创造者的知识、经验、兴趣、观察能力与思维能力相适应。要想持续进行创新思维搞发明，不仅需要正确的方法，而且要有坚韧的意志，善于排除诱惑和干扰，才能攀上高峰。

三、创新思维的方法

（一）群体集智法

1. 智暴法（头脑风暴法）

智暴法是一种通过集体讨论寻求解决问题的方法。

（1）智暴法应遵循的原则

为了保证获得更好的效果，需要创造宽松的环境，以利相互启迪智力。在智力激励会上，主持人应引导与会者严格遵循下列原则：

①自由畅想原则。鼓励与会者解放思想，不受传统观念或逻辑的约束，使思想尽可能活跃。以达到求新、求异、求奇，从而得到多种新颖的解决问题的方法。这是创新的前提。

②禁止评判原则。一个创新思想的提出，往往需要一个酝酿过程，才能逐步完善，刚一提出就受到批评，很容易将一些有创意的想法扼杀在摇篮中。无论对自己还是对别人的想法都不许加以评判。这是使与会者充分发挥创造力的保证。

③以量求质原则。任何事物都有一个从量变到质变的过程。因此，需要用数量来保证质量。在众多的方案中，经过讨论得到补充和完善，逐步逼近，才易于找到可实现的、能够解决问题的方案。这是获得高质量方案的条件。

④综合完善原则。与会者应在他人提出的设想的基础上加以改进、发展或联想出新的设想。通过互相启发、互相激励，产生思想火花的碰撞、共鸣，可使创新思想发展为具有现实价值的设想。这是创新成功的保证。

（2）智暴法的实施过程

①选择小组成员。与会人员以 6～10 人为宜。人员遴选时要注意：专业组成合理，多数为内行，也需要少数外行；成员间知识水平和能力不应相差太悬殊，以便有共同语言；成员间年龄差异不宜过大；成员相互间关系融洽；对问题感兴趣，并具有较好的表达能力。

②推选或指定会议主持人。主持人应熟悉智暴法的规则、程序和操作，并具有组织创新活动的能力和民主作风。

③提前下达会议通知。通知中要附有讨论问题的背景资料和解决问题的初步设想，以便与会者有充分的酝酿时间。会议地点宜选较安静和舒适的环境，并配有黑板。

④热身。在会议开始阶段，人们的注意力还没有集中，需要一个"热身"过程。通过与会者参与的体力活动、智力游戏或其他方式引导，使其头脑进入创新思维状态。

⑤明确问题。主持人简单扼要地介绍问题和背景，并从多角度、多方面分析和提出问题。

⑥畅谈。这是关键的阶段。畅谈时应注意：尽量不要私下交谈；每次只围绕主题简单扼要表述一个设想；设想不分好坏，一律记录下来。

⑦评价与筛选方案。会后要安排专门的时间进行评价、筛选，最终形成最佳方案。评价筛选时，可根据可行性先初步筛选出 3～6 个较好的方案，然后再加以分析比较，取长补短，发展完善，最终形成最佳方案。若没有获得满意的方案，则需再一次召开智暴会。

2. "635" 法

这种方法的特点是用书面进行集智，具体实施过程是：小组由 6 人组成，围坐一圈，给每人发一张表格，并明确议题；第一轮每人用 5 分钟写出 3 种解决问题的设想，然后依次传递；由于受到传来的设想的启发或激励，第 2 轮每人再用 5 分钟写出 3 种经过改进的或新的设想；如此循环进行至第 6 轮，共得到 108 种设想。最后要像智暴法一样对所得到的各种设想进行筛选，找出最有价值的方案。

这种方法与智暴法相比，由于与会者机会均等避免了由于少数人踊跃发言，而可能遗漏其他人的有价值的设想的缺陷。

3. 特尔菲法

这种方法的特点是通过发调查表来征询专家意见来进行预决策。其具体实施步骤为：

（1）拟定征询表

在该表中，首先应对特尔菲法进行简单介绍，让征询对象了解它的基本原理、操作程序、规则等。拟定征询表的要点是：问题的表述应有针对性，问题顺序应由浅入深，问题尽可能简单，问题总数不宜超过 26 个。

（2）选择专家

尽量选择那些精通本学科、本行业、有一定声望和代表性的专家，也要有边缘学科、社会学、经济学方面以及相关行业的专家。专家人数宜为 10～15 人。为保证活动的正常进行和人员的稳定，事先应向候选专家征求是否愿意参加此项活动的意见。

（3）征询调查

一般要经过四轮征询调查。第一轮征询调查可以任意回答，经过组织者进行综合整理后，用正确的术语并隐匿专家姓名，制定一个"征求意见一览表"，在进行后续几轮调查，请专家对该表列出的意见进行评价，并提出相应的理由。

（4）确定结论

经过四轮征询后，专家的意见会呈现出相同的趋势，最终形成比较一致的看法，组织者据此得出结论。

由上述实施过程可见，特尔菲法具有如下特点：匿名性可保证专家自由发表意见；信息反馈沟通，在新的基础上不断得到启发和补充和再判断，从而也得到激励；可对问题进行定量处理，表明赞成和反对的专家比例。

应当指出，有一些问题并不适用群体集智法。例如，非开放性问题，只有一个或少数几个答案；看起来只有一类答案，适合于深入分析思考；可能产生大量无用解答的、有严重分歧和复杂的问题；操作不可能的问题；必须有一组专家才能解决的综合性高科技问题；等等。

（二）设计探求法

设计探求法就是有目的提问法，又称检查表法。这种方法的特点是以系统提问的方式，来打破传统思维的束缚，扩展设计思路。它是促使人们发现问题和解决问题的关键。也是提高创造力的有效方法。这种方法基于：所有产品都存在改良和更新的潜力。怀疑现有产品的完善性，是改造老产品、创造新产品的前提；提问是开启人们智慧的闸门，通常，提出一个好问题就意味着问题解决了一半。

（三）属性列举法

1.属性列举法的特点

（1）全面性

把研究对象的所有属性都列出来，便于系统地分析和解决问题。

（2）规范性

按照一定规范列举事物的属性，而不是随机列举。

（3）结合性

属性列举法需要与其他创新技法结合使用。在对事物的各个属性进行分析时，可以采用不同的适用技法。

2. 属性列举法的操作

操作的具体步骤如下：

（1）列举、分析并整理创新对象的属性

属性列举法属于对已有事物进行革新的技法。在确定研究对象后，应了解和分析事物的现状，熟悉其基本结构、工作原理、性能、使用场合及外观特点等。根据事物的大小和复杂程度，决定需要进行几次拆分（如将机器直接分解到零件或先分解到部件再分解到零件），然后尽量列举出组成部分的功能、特征、材料、性质、制造方法、结构、造型、颜色、部分与整体的关系、各部分之间的关系等。再按名词属性、形容词属性、动词属性等，对所列举出的元素进行归类和整理（对内容重复的加以合并，对互相矛盾的加以协调）。

在结构设计中，采用特（属）性列举法，可分解已知结构，明确各组成部分的本质特性，再逐个分析所有的特性，试用取代、替换、简化、组合等方法找出可以改进的地方，新的结构就可能诞生了，这种方法也称为系统变异法。

（2）针对属性项目提出创新设想

这是关键的一步，因为只有提出创新设想，才能达到解决问题的目的。为此，要充分进行深入观察和运用创新思维，尽可能详细地分析每一属性，针对属性的改进大胆思考，提出问题，找出缺陷，用取代、替换、简化、组合等方法加以改进，使产品能满足新的需要。

（四）联想法

通过对事物的联想，容易激活人们的思维。联想方式有多种多样，如接近联想、相似联想、对比联想、因果联想、从属联想等。关键是要丰富自己的知识和经验，掌握联想的思维规律，就不难激发联想的思潮。

1. 简单联想

（1）接近联想

接近联想是发明者联系到时间、空间、形态或功能上，比较接近的事物，从而产生创新思维的方法。例如，由"台阶"想到"船上台阶"的方法，即用上下两个船闸，使水位抬高后，让船能从坝下升到坝上水库；再如，螺纹车床靠改变挂轮齿数来车不同螺距螺纹的方法，是来自钟表的传动方式。

（2）相似联想

相似联想是发明者通过对相似事物的联想，从而产生创新思维的方法。例如，将轧辊和冲压的模具结合起来，制成带有模子的轧辊，而发明的辊锻工艺，大大提高了工作效率。如图 2-3-3 所示为普通圆柱形轧辊，只能轧制板材或条料；如图 2-3-4 所示则将轧辊上制有连杆模，这样工件直接轧制出来的就是连杆，大大提高了工效并节省了材料。

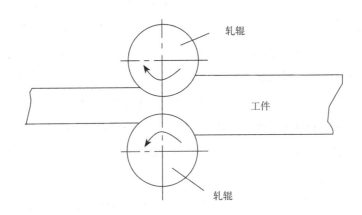

图 2-3-3　普通圆柱形轧辊

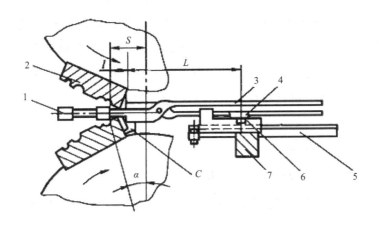

图 2-3-4　连杆辊锻

（3）对比联想

对比联想是发明者由某一事物的感知和回忆，引起与其具有相反特点的事物的回忆，从而产生创新思维的方法。一般联想对比可以从不同角度出发，如事物属性的对立、事物的优缺点、事物结构的颠倒、物态的变化等。这种由对比而产生的发明不胜枚举。例如，一般人都以为激光是将能量聚集而产生热效应，而美国华裔物理学家朱棣文却成功研究出激光制冷方法，并因此获得 1997 年的诺贝尔物理学奖；一般人都用胶来粘贴物品，希望越牢越好，而"不粘胶"却可以做到即可粘上去，又可撕下来。

2. 强制联想

强制联想的原理是同时列举两个不同物体的属性和结构特征，并在此基础上对两物体的各种属性和结构特征进行交叉组合，或者把某一范围内的事物一一列举，依次进行配对，从而产生创新思维。这实际上是一种强迫自己进行联想的过程。这种强制联想比一般联想更易于操作，也可能得出更为新奇怪异的设想。例如，把飞机和火车结合起来，而得到的"飞行列车"（靠贴近地面的气垫支撑，时速可达 500 千米 / 时，比磁悬浮列车还快）；将火车和轨道的结构进行联想，就从普通双轨列车演变出了单轨列车（在德国的乌布塔尔市就有这种单臂悬吊的单轨列车）。

（1）操作要点

①选定一个对象。所选定的事物宜小不宜大，宜简不宜繁。遇到大而繁的事物，应该先缩小简化，再进行强制联想。

②坚定信念。由于在本来无关的事物间进行联想，其结果有很大的不确定性，在联想过程中很容易气馁。因此，一定要在思考中坚定联想信心和创造的信心，这样联想到一定程度，就会发现表面无关的事物之间潜在的某种关系。

③联想不是不着边际的遐想，要及时对联想的结果进行评定。评定联想得到的创新设想是否合理、可行和有效，可以避免误入歧途。

（2）一般步骤

①确定焦点事物和参照物。

②分别列举焦点事物和参照物的属性和结构特征。

③在焦点事物和参照物的各个属性和特征之间进行配对，通过排列组合得到若干创新设想。

④分析鉴别所有的设想，确立创新设计的主题。通过交叉组合得到的创新设想，不一定具有使用价值，故应结合市场需求和生产条件等实际情况，进行可行性论证。从中挑选出最终的创新设计的主题。

⑤针对创新设计主题，进行创新设计。

3. 仿生联想

仿生联想是从自然界的生物的生长和运动规律得到启发，而产生的一种联想。从仿生联想到仿生创造（即仿生学，研究如何创造具有生物特征的人工系统），还有一个复杂的过程仿生联想是仿生创造的前提，没有仿生联想就不会有仿生创造。

仿生联想一般是由某种生物现象和有待解决的问题共同形成的。如果没有要解决的问题和创造的欲望，就不可能产生仿生联想。例如，从对热敏感的响尾蛇联想，研制出用红外线跟踪目标的响尾蛇导弹；仿照螃蟹的动作研制的蟹式海底捕捞器；仿照人的步行动作研制的步行机；人们观察到用手触摸含羞草的叶子，它就会闭合，这种对外界干扰的灵敏性使人们联想到某种仪器（如测谎仪）的设计。

工业机器人是通过模仿人体的结构功能进行仿生创造的。人们通过对人体各部位、器官、组织等的结构、机理、功能的深入分析研究，制造出各种适用于不同工作条件的机器人。以机器人的手腕结构为例，它包括通用手腕、柔性手腕和柔顺手腕等不同结构。通用手腕结构可实现摆腕和转动。

仿生联想所形成的创造对象的知识含量较高、理论水平较高、技术要求较精。由此可见，仿生联想的起点较高。故其创造出来的成果属于高难度、高精度、高水平的创造。由于当前技术水平的限制，除个别外，仿生创造的产物一般都达不到生物的功能水平。因此，仿生创造的潜力极大，达到和超过生物的本能是仿生的崇高境界。

仿生联想是从联想对象出发，形成仿生创造概念的过程。

一个创造概念的形成不仅需要启发，而且需要思考。在仿生联想过程中，要不断地认识生物的某种现象，并考虑怎样把这种生物现象通过仿生联想逐步变成产品。仿生联想法的要点：

第一，注意观察生物现象，以直接观察到的或别人发现的生物现象作为仿生联想的对象。

第二，分析研究生物现象的机理。

第三，联系现实生活中的实际问题，将生物现象向仿生创造方向发展。

（五）抽象法

抽象法又称还原法，就是指回归事物本质或者说抓住最关键的要点。所有的发明与革新都有创造起点和原点，其中，原点具有唯一性，起点则变化多端。创造原点可以当作创造起点，但创造起点却不一定是创造原点。研究已经存在的事物的创造起点，深入到它的原点中再从原点寻找新思路，用新思想新技术完成对这个事物的创造。这种回归原点解决问题的思路就是还原创造目的的方法。

抽象化致力于消除个性及偶然性，着重突出具有普适性的以及本质的东西。为了避免思维停滞和固化，就要把解决问题的关键词词义及定义转变为一般的词或陈述，为了暂时摆脱特定词语、标志的联系（有些特定标志或词语往往会是一个虚拟的限制线），要尝试寻找新的联系。要这样持续拓宽思路，然后得出创新的思维。举例来说，把"设计迷宫式密封"抽象成"转轴无接触方式密封"；把"用浮子计测量液面高度"抽象成"连续测量液面高度"。

设计人员设计创新产品的时候，会受到同类产品原理、结构、外形、包装等特征的干扰，提前在产品中加入自己的预设，这样注意力就很难聚焦在事物本质特征上，就会妨碍思维拓展，进而阻碍从根本上实现对老产品的革新。抽象法把创造对象最主要的功能抽象出来，集中研究实现主要功能的手段或者是方法，选择一个最优选。

需要指出的是，设计人员的知识和经验具有局限性，这样就容易在构思原理方案之前便被诸多限制束缚住，妨碍思维的活跃，影响创造力。以抽象化的方法，能够拓宽视野，设计出更加理想的方案。

设计要求明细表通常很复杂，如果不找出头绪，会对创新思维很不利。暂时去除偶然的情况和细碎的问题，突出那些普遍、必要以及基本的要求，用抽象化形式表达，就有利于抓住设计的核心问题。抽象化方法不需要具体详细的解决方案，它能够清晰地理出设计产品的基本功能和主要约束条件，然后找出设计中的主要矛盾。借助这种方式设计人员就能把注意力集中到关键问题上，也更容易取得突破，实现真正意义上的创新。

每个创造活动都会遇到各种各样的矛盾，面对这种情况就要分清主次，找到主要的矛盾。举例来说，分析验证一个冷库节能项目后发现关键问题是布局不够合理，管道造成的损失太大，能耗严重。重新设计后，把管道按最小路径进行合理布局，也更换了比之前更小的制冷机组，这样就很好地解决了节能的问题。

设计现代产品时，会用黑箱进行设计问题抽象化。对设计产品而言，找到问题所在之前都像是看不见内部结构的"黑箱"。产品的所有功能，特别是总功能，都能用"黑箱"来抽象表达。借助"黑箱"能够明确设计产品的输出、输入和外部环境的关系。这就利于摆脱现实、具体的东西，只关注功能，有利于设计人员设计出更好更新的方案。

（六）逆向思维法

逆向思维法是一种从现有事物原理机制、构成要素、功能结构的反面去思考、去探索，以达到创新的方法。逆向思维的创造性主要表现在三个方面：逆向思考、相反相成、相辅相成。所谓逆向思考是指人们有意识地寻找事物的对立面，创造新概念；有目的地暴露事物的另一面，寻找事物的度；有计划地反其道而行之，探索新的技术方案。所谓相反相成，是指人们有意识地将两个或多个对立面联系在一起，由于对立的性质不仅不起破坏作用，反而起建设作用，因而打破了单方面性质的限制，在它们相互补充和相互改善的作用下，可以发现新的功能和作用。所谓相辅相成，是指对立面处于一个统一体中，保持着一种必要的张力和平衡，而且能适时地相互转化，使事物同时具有两种对立的性质，能在两种极限条件和状态下相继发挥作用。逆向思维法遵循原型—反向思考—创造发明的模式。

逆向思维就要敢于否定已有的定论，设想不存在会怎么样？这样能最大限度地拓展思维空间，易形成独特的创新思维。

一般情况下，人们总是千方百计地抑制并排除外界干扰，使工作得以顺利进行。但是能否将"外界的干扰"从坏事变为好事呢？通过逆向思维，人们可以有目的地利用外界的干扰，以产生新的用途。例如，在激光陀螺仪中，噪声一直被认为是干扰信号，总想办法抑制它，但是效果不佳。后来，经过研究发现，噪声场与地磁场有密切的关系，研究人员就转换思路，不但不去抑制噪声，反而进一步放大噪声信号，并将其用来测量大地磁场，由此开创了激光陀螺仪应用的新领域。

同样，变"废"为"宝"的事例更屡见不鲜。如，钢铁企业的废渣，过去都是外运填埋，还要花不少费用。后来将其用作建筑材料的原料，制成了许多高强度的成形构件，变成了宝贝。

为了合理地运用逆向思维法进行创新活动，可以采用反向（功能、结构和因果反转）探求、顺序（如倒计时）、位置（如电动机的转子和定子互换）颠倒和巧用缺点等方法。

第三章 现代产品造型设计与工学设计

本章现代产品造型设计与工学设计，分别介绍了两个方面的内容，即现代产品造型设计、现代产品工学设计，并对产品的造型策略和工艺设计进行了论述。

第一节 现代产品造型设计

一、现代产品造型要素解析

（一）点、线、面、体造型基本要素

点、线、面是构成立体造型的基本要素，即构成产品形态的基本元素。研究基本要素，掌握基本要素的概念、性质与作用是研究产品造型的首要环节，不仅有利于产品造型的基本分析，还有助于产品造型的基本设计。

1. 点造型基本要素

点的形态，在几何学和实际中存在较大差异。几何学上的点，只有位置，却没有形状和大小；而实际中的点，不仅有具体位置，还有大小、形状和体积。点在设计中通常以圆形和球形的形状呈现，如各类开关、旋钮、按键、指示灯等，这些面积小、图形集中的实体，都是设计中点的具体呈现方式。

点在视觉传达中往往用于集中视线，或成为焦点，或起到醒目、视觉固定等作用。设计中的点分为实点和虚点，立体实体点为前者，立体透空点为后者。在产品设计中，点的应用范围广、形状多样，观察设计图例可以更直观地体会到点在产品设计中的灵活运用，如图3-1-1所示，点以球形拨钮的形状应用在产品设计中。

图 3-1-1　拨钮设计

2. 线造型基本要素

（1）线的造型概念

在几何学中，线是点移动的轨迹，只有形状与长短，没有粗细和截面形状；在产品设计中，线的概念则更丰富。根据路径、角度、形态等方面的差异，线可以细分为直线、曲线、折线，水平线、垂直线、斜线，细线、粗线等。而根据线面关系呈现方式的差异，线又可分为积极的线、消极的线，以及中性的线。

（2）线的造型性格

线是具有造型性格的基本要素，如前文所述，线的类型多种多样，不同类型的线呈现出的性格也各不相同。以直线和曲线为例，直线呈现的视觉效果简单直接，往往会给人以清爽感和力量感；而曲线呈现的效果柔和多变，往往给人以流动感或优雅感。除此之外，不同角度的线也会有较为直观的造型性格，如水平线呈现出的多为平稳、安定、开阔；垂直线多为挺拔、庄重、坚实；斜线多为动感、活泼、刺激等。

（3）线的造型作用

在产品造型中，线通常是以面的交线、轮廓线、分割线，以及拼接线、装饰线等形式表现出来，具有十分重要的作用。产品上线的造型基本规定了产品的造型，而产品的造型性格，取决于产品上线的组成性格。如图 3-1-2 所示，细折线在灯具设计中的使用，塑造了产品简约又不失灵动的造型性格。

图 3-1-2　灯具设计与线要素的结合

3. 面造型基本要素

在几何学中，点的移动形成了线，线的移动形成了面，面的移动形成了体；而在平面设计中，点的扩散或聚集可以形成面，线的扩展或闭合也可以形成面。面可以分为平面、曲面和非规则面。受技术水平的限制，传统工业产品中以平面和规则曲面为主，但随着科技进步和生产技术的不断发展，非规则曲面在产品造型设计中的应用也日渐增加。

（1）面的造型性格

与线类似，不同形态的面也会呈现不同的造型性格。例如，正方形面，其呈现的造型性格为标致、规则、纯粹、明确、严肃、安全等；圆形面呈现的造型性格为饱满、流畅、柔和、统一、完满、规整等；三角形面本身的造型性格具有锐利性和攻击性，其正立时会稳定、灵敏、醒目等造型性格，倒立时又呈现不稳定、动感、多变等造型性格。

（2）面的造型作用

面不仅常应用于产品的表面包装和封闭，还应用于产品的分割与隔离。产品形态是面的造型总和，产品造型在一定视角上为面的造型的表现，如三视图呈现的产品造型。如图 3-1-3、图 3-1-4 所示，产品面的形成以及其在产品设计中的作用得到了直观体现。图 3-1-3 产品整体以平直面构成，表现出复印机方正、简洁的刚性造型性格；图 3-1-4 产品整体均以曲面构成，表现出吸尘器优雅、流畅的柔性造型性格。

图 3-1-3　复印机平直面的运用造型运用

图 3-1-4　吸尘器曲面造型

4.立体造型基本要素

立体可分为规则体与非规则体两大类，规则体中的球、圆柱、四棱柱等称为基本几何体，又可细分为平面几何体与曲面几何体。任何产品都可以抽象地看作若干几何体的组合，不同的几何体表现出的造型性格也各不相同，如平面几何体表现出的造型性格有稳固、简洁、挺拔、明快、有力等，曲面几何体表现出的则有柔和、流畅、优雅、动感、饱满、圆润等。几乎所有产品造型都是由各类立体直接或衍变构成，包括但不限于对立体的叠加、删减、相贯、附加等，并最终形成产品造型。如图 3-1-5、图 3-1-6 所示，图为立体要素在产品中的使用。（图 3-1-5）灯具是由简单的线条构成，（图 3-1-6）投影仪由简单的平面体与柱面体而形成的复杂造型体。

图 3-1-5 立体造型灯具

图 3-1-6 立体造型投影仪

（二）色彩与肌理要素

1. 色彩基本要素

（1）色彩三要素

色彩的三要素为色相、明度和纯度，是每种色彩都具有的基本属性。色相，是各色差异的直观体现，是用于区别不同色彩的名称，如红、橙、黄、绿、青、蓝、紫，即为七种色相。明度，指色彩的明暗强度，能体现色彩的层次感，通常表现为同一色调的不同深浅，如深红、浅红，除此之外，不同色相的明度也会存在一定差异，如黄色的明度高于蓝色。纯度，即色彩的饱和度，也可称为色彩的纯净度，色彩的纯度越高颜色越鲜艳。

（2）色彩三要素的性格

色彩三要素对造型中表现的性格有较为明显的影响。从明度的角度来说，明度高的色彩往往表现出愉悦、明快的积极性格，明度低的色彩往往表现出沉闷、压抑的消极性格；从纯度的角度来说，纯度高的色彩表现出的性格为强烈、活泼、明确等，纯度低的色彩表现出的性格则是含蓄、柔和、沉稳等。色相的不同形成色彩不同的作用，如红色具有兴奋、激动、警示、温暖等作用。如图 3-1-7 所示，图为利用色彩纯度高的颜色用于儿童产品的色彩设计。

图 3-1-7　儿童玩具色彩设计

2. 色彩对比与调和

（1）色彩对比类别及性格

明度对比：色彩明度对比强烈时，会表现出锐利、明快、激烈等性格，反之则会表现出柔和、梦幻、朦胧等性格。色相对比：对比强烈的对比色，表现出的性格多为反差、明快、张扬等；而对比相对缓和的近似色，表现出的性格多为流畅、亲近、舒缓等。纯度对比：纯度对比较强时，会突出色彩间的层次感，表现出距离、冲突等性格；对比较弱时，会表现出形成混沌、含糊等性格。色面积对比：不同色彩面积对比越大，越能表现色彩间的矛盾、主次、引人注目的性格。

色彩性格的表现，通常都是上述对比因素综合应用的结果。

（2）色彩调和

不同的色彩形成和谐、统一、秩序的整体，使之满足人的生理与心理需求，这一过程与方法称为色彩调和。色彩调和方法有：同一色彩要素的调和，如，同色相而不同明度的调和方法；相似色彩的调和，如红色同橙红色的调和；秩序色调和，色彩在二要素中逐渐连续的变化方法；面积与位置的调和。如图3-1-8所示，手机色彩采用近似调和设计。

图3-1-8　手机色彩调和设计

3.色彩语言

（1）色彩物理语言

色彩搭配产生一系列物理作用，其表现为：色彩的进与退，如暖色进、冷色退。色彩的膨胀与收缩，如浅色膨胀、深色收缩。色彩的轻与重，如浅色轻、深色重。色彩的软与硬，如纯度高的硬、纯度低的软。色彩的干与湿，如蓝、绿、黄色有湿感，而红、橙、赭石色有干的感觉。色彩的厚与薄，如灰色薄、深色厚。色彩力度的强与弱，加强的配色、弱的配色，在表现力的强弱上有明显作用。

（2）色彩的生理语言

色彩通过搭配，产生酸、甜、苦、辣、涩、咸等味觉，称为色彩味觉语言。色彩依附一定的材质，表现出粗糙、光滑、硬软等触觉语言。例如，红色为甜、黄色为酸、墨绿色为苦、绿色为涩等，纯度高的色彩表现光滑，纯度低的色彩表现表面粗糙，纯度高明度低时表现硬的触觉。

（3）色彩的心理语言

第一，产生联想，色彩因人的经验、记忆、民族、职业的不同，产生相关的联想，这种联想可能是直接的，如白色想到了下雪天；这种联想也可能是抽象的，如白色可联想到春节、神圣等。第二，事物象征，色彩因人的文化、学习、习惯、历史等因素，使得色彩一定程度上被公认为代表或隐含某种事物的内容，这就是色彩的象征作用。色彩的象征语言可通过学习获得、通过人们公认的规则去应用，如绿色象征和平、生命，黄色象征神圣、辉煌、华丽。第三，情感抽象，色彩因人的生理、心理作用，而使人产生情绪、感情的活动，此乃色彩对情感的作用。色彩表现的情感语言是抽象的，如灰暗的紫色使人感觉忧伤，大面积的黑色使人感到恐怖，金黄色与红色搭配使人感到辉煌。第四，色彩好恶，由于国度、民族、历史、风俗习惯、宗教及文化的差异，人们对某些色彩产生的好感和恶感，如中国汉族喜红色，新加坡喜红、绿、蓝及白色相间，伊拉克喜用绿色、红色。如图3-1-9所示，摩托的设计纯度高的红蓝色彩对比，强调引人注目的动感表现。

图3-1-9　本田三色摩托的色彩设计

4.肌理要素

材料的肌理，指材料表面形成的不同的视觉现象与组织构造，给人生理与心理上产生的触觉感受与判断，是一种纹理的表现形式。

（1）视觉肌理

材料表面形成的视觉现象，通过人的视觉传达给人，由人判断而产生的对材料表面的心理感受，这种纹理称为视觉肌理，又称平面肌理。材料表面的图像、色彩、光泽，都是影响这种肌理的重要因素，视觉肌理不同，给人的心理感受也不同，如木纹纸裱贴的材料肌理，给人联想木质触觉感受；表面图形的粗糙与细腻，同样给人以柔和或顺滑的心理暗示。

（2）触觉肌理

材料表面形成的各种各样的组织结构，如凹凸、粗细、软硬等，通过人的触觉传达给人，使人对材料表面产生生理与心理感受，这种纹理称为触觉肌理，又称立体肌理。触觉肌理可通过对材料表面进行喷砂、腐蚀、模具咬花、亚光喷漆、亚光喷塑、组织加工等制造加工方法实现，也有部分材料具备可以直接利用天然的表面肌理。触觉肌理同时伴随视觉肌理，这种肌理在产品设计中是常用的，通过不同的产品肌理、给人产生不同的生理、心理反应。为产品选择合适的肌理不仅对产品有一定的装饰作用，还可以提高产品在不同方面对人的亲和力，如手感、肤觉、柔性等。表面光滑的肌理，使人感到光泽华丽、易清洁、流畅、明快。如图3-1-10所示，图中的牙刷利用橡胶材料与凹凸造型、形成视觉与触觉肌理效果。

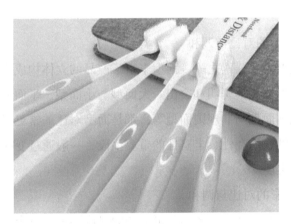

图3-1-10　牙刷手柄肌理

二、现代产品造型美学基础

（一）现代产品形式美学基础

产品造型审美是形式审美的组成部分，又是产品审美的重要内容。产品形式审美不同于雕塑、舞蹈等的形式审美、产品形式审美有自身的特点：属于抽象形式的审美活动，审美对象是各种抽象造型的产品；属于立体视觉审美，审美对象是人造立体产品，由工业化完成的实用品。

（3）属于现代审美内容，审美对象是现代工业产品。

1. 调和与对比形式

在形式因素中，强调其共同因素、相近因素的组织与联系以达到审美效果，这就是调和。在形式因素中，强调其中对立、相反性质的因素，使彼此因素的个性更加鲜明突出，这就是对比。

产品形式调和与对比的内容如下：

（1）产品线型的对比与调和

线型是产品造型中的轮廓、边界、装饰等形成的造型要素，是产品形式的组成成分。线型对比能够强调造型的主次感，丰富形态情感。线型对比一般有：直线型与曲线型对比，粗线型与细线型的对比。线型调和一般表现形式有：线型在直、曲方面的一致性与相似性，线型的粗细、长短、虚实等方面的一致性与相似性。

（2）产品面型的对比与调和

作为产品造型主要要素之一，面型丰富了产品的立体构成表现，各个面型间的对比使产品的形体更为鲜明和突出。大面型与小面型、平面型与曲面型、实面型与虚面型、规则面型与非规则面型等，都是面型对比的常见形式。面型的调和是表现产品统一性、均和性、丰富性的重要手段，一般通过变换调和相同形式面型的量与位置来实现。

（3）产品色彩的对比与调和

色彩与产品同时存在，是产品不可或缺的组成要素。色彩对比能增强产品形体的鲜明性与突出性，强化产品的色彩表情，让产品视觉更具冲击力，以给人留下深刻的印象。色相对比、明度对比、纯度对比等，都是常见的产品色彩对比形式。与色彩强对比相对的是色彩调和，通过降低色相、明度、纯度等方面的对比强度，使色彩趋于一致，塑造产品色彩整体感。

（4）产品形体的对比与调和

形体对比在产品设计中主要通过各类几何体的对比表现，而形体调和主要通过对相似几何体进行重叠、相贯、融合等表现。

（5）产品材质与肌理的对比与调和

产品材质与肌理的对比，主要是通过比较产品表面光滑或粗糙、坚硬或柔软、规则或杂乱、华贵或朴素等特性来表现的。材质与肌理的对比常用于产品设计中，为产品选择合适的材质与肌理，可以丰富产品表情，进一步提高产品档次。产品材质与肌理的调和亦是统一产品质感重要方式之一，通过重复应用同属性、同性质、相似材质与肌理，增强产品的整体感。

（6）产品虚实对比与调和

产品实形是指产品实物性构成的空间范围，而产品的虚形恰是围绕产品实形产生的抽象的不可见空间形式。产品的实形赋予了产品存在感与具体感，虚形带给人们想象，赋予产品生机与活力。充分利用产品的虚实搭配，可以使产品更具层次感。

2. 对称与均衡形式

对称有左右对称、上下对称、斜对角对称。其对称轴有轴线和轴心。对称形式来自自然及人类的各种现象，是一种相对稳定的审美形式，应用对称形式的产品往往具备和谐、稳定、庄重、严肃、有条理的美感，但却是毫无变化的绝对对称，又易产生生硬、呆板与单调之感。对称是在物理量及心理量上都能产生相同反映的形式。如图 3-1-11 所示，图中的旅行箱造型设计，采用左右对称手法，给人以严谨、稳重的感受。

图 3-1-11　左右对称的旅行箱

均衡是两事物按一定轴或支点在物理量上（力的大小），或在心理上产生的趋于平衡的形式。物理性平衡是指事物的重量、力对于支点的平衡程度。心理性平衡是指事物在视觉感受中形成的平衡程度。产品造型设计中，经常要涉及运用这两种平衡性。均衡给人以稳中有变，静中有动，在总体上又趋于均匀平衡的感受。均衡是常用的产品造型设计手法，平衡使产品表现形式多样。

3. 安定与轻巧形式

安定包含物理性安定，又称实际安定，即事物重量、力量方面的稳定性，还包含心理上的安定，又称视觉安定，即物体重量重心处于视觉上的稳定。轻巧与安定是不相同的表现形式，安定的反面是轻巧。在产品造型设计中，有些设计既有实际安定，又有视觉安定。产品实际上安定的，而视觉上可以是轻巧的。

（1）产品安定的造型方法

第一，物体实际重心点处在支点或物体中心位置，这可以通过工程设计最终决定，运用计算可确定。第二，视觉重心处在支点或物体中心位置，这是通过造型设计决定，通过视觉估量来确定。第三，底部接触面积大，至少比物体最大截面大。第四，重心低使物体趋于安定。第五，视觉重心在支点位置，视觉重心低。第六，底部色彩深，上部色彩浅。第七，水平分割比纵向分割更趋于安定。第八，底部为比重大的材料，上部为比重小的材料。

（2）产品轻巧造型的方法

第一，重心偏离支点或中心，重心较高的产品。第二，视觉重心偏离视觉支点及中心区域。第三，底部接触面不大于产品最大截面的形式有轻巧感。第四，上部色彩深，下部色彩浅。第五，纵向分隔比水平分隔更趋于轻巧。

4. 过渡与呼应形式

过渡是两个不同形式的造型要素发生联系的中间连接形式。造型面与色彩、产品形体的过渡是产品过渡常见形式之一，最终体现在产品面型的过渡。巧妙应用过渡，可以减少产品形体上的生硬感，使之和谐统一，更为流畅。

产品造型设计中，一处以上的产品形、色、质等形式要素与另一处以上的形、色、质等形式要素一一对应，相互迎合，称为呼应。为了强调产品的整体性、统一性和识别性，呼应的造型手法用于产品造型有较好效果。家庭产品系列形象塑造，常利用呼应这一手段。

如图 3-1-12 所示，图为计算机造型侧面过渡与造型要素呼应的实例。

图 3-1-12　计算机主机过渡设计

5. 比例与尺度形式

（1）比例

比例产生美感，任何特定物体都以特定的比例存在，大小比例、长短比例、宽窄比例、线量比例、面量比例、体量比例等都是常见的比例形式。若比例不当，形式美感便无法体现。

运用比例形式是造型的基本做法。符合某种比例关系，表现出不同形式的美感。总按既定比例的方法设计产品，不一定符合各时代的审美取向，引起这一变化的主要原因大致有：第一，社会的发展，人们审美情趣发生改变；第二，流行趋势的改变，使比例发生变化；第三，科技发展促使造型手段改革，引起产品比例形式改变；第四，文化的发展变化，人们对审美有了新的需求。

（2）尺度

尺度是物体比例与尺寸相对于人体比例及尺寸的合适程度。尺度不能脱离人单独而论。尺度与尺寸是不同概念，尺寸是独立存在的计量。如图 3-1-13 所示，图为符合黄金分割比例形成的蜗线；如图 3-1-14 所示，照相机对人手的比例尺度。许多学生和刚出校门的设计师，在产品设计过程中，对产品的尺度认识不够，对产品的尺寸设计比较忽视，易造成缺少尺寸的设计方案，易造成虽有尺寸而不符合人的尺度错误。

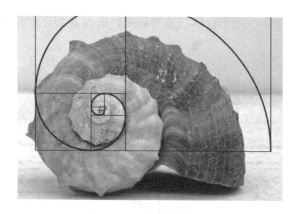

图 3-1-13　黄金蜗线比例

图 3-1-14　照相机尺度

6. 节奏与韵律形式

节奏，对造型设计而言，是指形式要素有规律地重复。韵律，是在节奏的基础上，形成强弱起伏、抑扬顿挫的变化。

①节奏有强弱、快慢之分。节奏本是音乐概念，但是可以视觉化表现出来，通过人的感知同样形成节奏感。

②当节奏与人的生理、心理形成共鸣时，节奏的美感油然而生，因节奏形式不同，产生的美感也就不同。

③连续的韵律形式是造型中体、线、色彩与材质等要素连续的排列，且每一要素的每一个重复不变。这种韵律形式单一、表情简单。

④渐变的韵律形式是造型要素按照某一规律连续排列重复，但是每一个重复要素按一定规律变化。韵律丰富生动、富于变化。

⑤交错的韵律形式是造型要素按某一规律进行交错排列、重复，这种形式形成的韵律产生多变性。

⑥起伏的韵律形式是造型要素按照起伏的变化规律排列、重复，这种韵律具有高低错落，变化流动的美感。

我们通过参考图 3-1-15、图 3-1-16 产品图例，可以体会节奏与韵律的形式美感。电子琴造型设计，通过按键要素的设计形成节奏感（图 3-1-15）。吊灯设计，通过灯罩造型有规律的变化与重叠，形成十分强烈的韵律感（图 3-1-16）。

图 3-1-15　电子琴造型节奏感

图 3-1-16　吊灯造型的韵律感

（二）现代产品工业美学基础

1. 产品技术美

每一种产品都是某种核心工业技术的产物，不同的产品在技术的难易、技术含量的高低、传统或高新技术等方面都存在一定差异，所以体现的核心技术各不相同。人类社会文明不断进步，科学不断发展，产品技术作为文明结晶与科技发展的成果，既巧妙又精确，随着产品使用功能的不断完善，产品的技术美由此形成。以现代家电为例，液晶显示器应用了显像管技术和液晶技术，两种技术共同作用达成的平面视觉效果，形成了液晶显示器的技术美感。解体后其内部精密复杂的构件与严密的电路板封装，也给人以技术美感（图 3-1-17）。背投产品通过超大尺寸的平面显示屏，以及音质良好的音箱，亦能让人体会现代产品的技术美（图 3-1-18）。不过，并非只有高新技术与现代技术才给予人技术美感，传统技术与简单技术得到巧妙运用时，同样能让人体会到技术美感，包括但不限于各类手工艺品和传统产业制品。

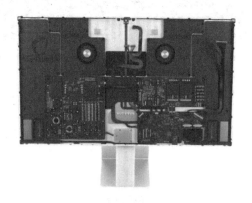

图 3-1-17　显示器技术美感

图 3-1-18　背投技术美感

2. 产品功能美

产品功能美与产品技术相关，应用先进的技术，能够提升产品功能美感。某些普通的产品技术，通过组合与衍生，同样能形成优良的产品功能。产品功能可以改善生活质量，提高工作效率；产品功能满足生活、工作与学习的需求，减轻人的负担；产品功能的改善不断实现消费者的梦想，所有这些对产品功能的美好感受，称之为产品功能美。

产品功能美是人类造物文明的必然，产品功能美隐含产品科学美。产品功能美通过使用表现出来，通过人的感知器官反映至人脑而形成审美结果。从机械化的洗衣机发展到全自动化的洗衣机，从电气化冰箱到应用蓝牙技术的冰箱；新的产品功能使消费者无法抗拒，消费者常为拥有新功能的产品而感到满足与自豪。如图 3-1-19 所示，图为英国设计公司设计的航空座椅，它能够提供可坐可睡功能。

图 3-1-19　飞机座椅设计

3. 产品宜人美

产品宜人美是指在使用过程中产品能与人形成和谐的关系，给人带来舒适、安全、简便、可靠等正向感受。

以人为本、注重环保的设计价值观，在具备宜人美的产品中得到充分体现。产品的宜人美，通过其形式及功用上的趣味性和人情味表现。以移动电话为例，其实现了模拟移动电话到数字移动电话的转变，产品体积与产品重量相较于发展之初减少了近十分之一，数字手机越是小巧轻便，越能顺应移动通信的需求，给人以便利的使用美感，同时面向特定人群推出的产品，如，"儿童电话手表""老人机"等，亦体现了产品设计中的人情味。如图 3-1-20 所示，婴儿床也表现出了使用对象所需的安全感与舒适感。

图 3-1-20　安全舒适的婴儿床

4. 产品精湛美

产品精湛美是生产力发展带来的结果，是现代制造技术创造的成果，通过制造，使产品质地在视觉上给人精细、精确、精密、高级等感觉，将此称之为产品精湛美感。当产品的细节，给人以十分耐看、细腻、无可挑剔的视觉感受时，这正是产品精湛美的体现。

现代制造方法由于计算机的发展而形成自动化、精确化、系统化，CAD、CAM 等现代化制造手段的出现，让制造的精湛性、一致性、标准性更显强化。产品带给人的精湛美感也给产品高品质以有力支持。计算机辅助设计与数控加工，大大减少了人为加工导致的粗劣，进一步消除加工环节的误差积累，严密精确的产品外在表现与内部结构关系，不得不使人惊叹人类制造手段的精湛美。

如图 3-1-21 所示，图为投影机的面壳制造，其一致性的百叶窗尺寸精度给人高质量的加工感。

图 3-1-21　投影机的百叶窗设计

5.产品工艺美

产品工艺美包括产品成型工艺美、材料表面加工工艺美、安装工艺美、表面装饰工艺美等内容。工艺美简而言之就是由加工工艺方法而形成的视觉、触觉美感，如镜面不锈钢、拉丝不锈钢、亚光不锈钢，通过表面加工工艺形成材料表面的肌理美感。吹塑成型、吸塑成型、注塑成型等成型工艺给人不同的工艺美感，如吹塑的流畅、轻盈、完整性的工艺美感；吸塑的圆滑、浮雕式美感；注塑的规整、精确、多种变化的工艺美感。表面装饰工艺不同，美感形式也不同，如注塑表面的晒纹、装饰、彩印、凹凸文字、激光雕刻、表面喷漆、电镀等装饰工艺，给材料表面以装饰美感。以上所云都是工艺创造的美感。

6.产品结构美

产品结构美是通过一定的形式与材料表现出的结构力学美感，产品结构的美感通过结构形式传达，隐含产品的结构生命力。

像高大垂直结构所表现的挺拔、稳重、向上的美感；转动结构的凝聚、收缩、辐射的向心力美感；拱形支撑蛋壳结构的神秘、奇巧、简洁的内应力美感；斜拉桥式结构的均匀、悬妙、曲伸的张力美感；交通工具的流线型结构表现流体力学极小的阻力美感。由于结构而产生的实际物理力与心理力，都影响产品结构美感。有些产品的结构在箱体内，其结构美感不外显，有些产品的结构表现在外，其结构美感表现就比较明显，像悬臂式台灯、挖掘机、起重机、机床、小汽车、自行车等。

三、现代产品概念造型

产品概念造型是为表现新产品的整体概念、反映新产品整体设计内容，而形成的造型设计。产品概念造型以概括反映产品的主要方面为目标，包括但不限于产品造型特征、产品使用方式、产品安全性等。产品概念造型是验证新产品设计存在问题的重要环节之一，通过三维图或实物，将产品设计目标与计划视觉化，在此基础上进行研究、交流并不断完善，最终形成新产品设计方案。

（一）形体特征造型

建立产品三维形态是产品概念造型的第一环节。产品类型不同其产品形态特征也各具差异，如彩电产品的方形体特征、自行车的几何特征等。产品的功能形式和技术构成形式是产品形态特征的最终决定因素。

1. 功能形式决定的造型概念

产品形体的基本特征是根据产品使用功能的物质形式和空间状态决定的，例如，杯子凹而空的立体形体特征，就是由其作为容器的主要功能决定的；电话能联系耳朵、嘴巴、手的形体特征，是由其具备交流功能决定的。不仅如此，很多产品功能的形体特征，灵感都来源于自然界物体的形态，如飞机的形体特征是参考了鸟类，船的形体特是参考了鱼类，挖掘机的形体特征参考了人的手臂等。除此之外，产品功能形式的特征还受人的需求影响，如用于桌面照明的台灯，为满足使用需求，灯具的发光部分必须保持一定高度悬在空中，空中的部分需要与桌面底座连接且能稳定立于桌面，在人的多重需求作用下，台灯的产品形式就形成了。

2. 形式审美决定的造型概念

形式审美会影响产品形体特征。人们对形式美的不断追求，就会将这一追求带进产品造型设计过程中。将形式审美的需求应用于产品造型概念，如追求产品形式的曲线柔美，则产品造型自然是流线型形体特征；追求产品挺拔力感的审美，对应的产品造型特征将是直线、平面、块体的造型风格。形式审美内容非常丰富，产品形体造型特征也呈现多样化。对称的形式美感对应的是产品造型对称的特征，节奏韵律的形式审美对应的是造型要素渐变或重复的形式特征，高雅与概括的审美形式，对应是简洁大方、高度抽象的造型特征。

3. 技术构成决定的造型概念

通常情况下，产品的技术形式及构成，决定了产品造型的形体特征。任何产品技术，最终都以物化形式形成，不同产品技术形成的组件存在方式，直接影响产品形体的最终特征。例如，电视机显像技术，显像管技术以前大后小的梯形形体特征形成了电视机的主体特征；液晶显示技术决定的电视机是超薄形体特征；无线通信技术的发展决定了手机的体形更小；白炽灯产品技术与日光灯产品技术，决定了白炽灯具与日光灯具不同的形体特征；传统音响技术与平面音响技术所形成的造型特征差距较大，前者是以喇叭组成的方体形式，后者是发音板组成的超薄板型。

（二）使用方式造型

产品概念造型可以全面表达产品的使用方式、产品人机关系。在产品造型方案中，要交代产品操作方式，与产品信息反馈状态。

1. 使用状态决定的造型概念

当产品的功能技术确定后，产品使用状态在很大程度上决定了产品的造型形式。计时产品要便于携带，使用方便，可随时使用，因此要求手表设计应体积小、适于戴在手腕上，手表的造型概念逐步清晰起来。当计时产品放于桌面，像座钟，如果产品体积太小，看时间就不方便，需在 2 米以内能够视读，因此，这一造型必须具有一定尺寸大小，且可放在桌面使用的物体。当计时器用于室内，即挂钟，在 2 米以外也能清晰准确视读时，挂钟造型在界面上要比座钟大，适于挂在墙上，其产品造型主体特征是扁平悬挂形式。

2. 人机界面决定的造型概念

产品人机界面形式也影响产品造型的主体特征。因为操作控制器件形式多样，就操作开关而言，因开关大小不同、形态不同、位置不同，由此直接影响造型空间、安装位置、连接形式等就不同。例如，转盘式操作开关，提供手旋转空间和安装高度，产品造型应配合这一操作方式；而旋钮式开关，其需要的空间就很小，单手操作方式决定了高度的可调性，它可依附于产品壳体表面连接；还有按键式开关、拨动式开关等，由于本身的操作方式，形成的造型各不一样。界面显示方式与器件，很大程度影响造型特征，如带有窗口的显示和没有窗口的显示，造型特征明显不同。机械方式显示（如指针式仪表显示）同数码管、液晶显示表现的形式也明显不同，因其形状、面积及信号传达方式的差异，产品造型主体特征也受影响。

（三）实现方式造型

产品概念造型另一个重要目的就是要交待产品实现方式，即产品制造方式及其相关内容，如产品外部组合连接关系、产品制造成型工艺方式和材料使用情况。

1. 产品成型工艺造型概念

用怎样的制造方法来实现产品外型，是产品概念造型设计需要考虑的第一个问题。每一种成型工艺形成的形态都有其独特的特点。以容器产品的成型来说，既可以采用吹塑也可采用吸塑或注塑工艺，但由于成型工艺的差异与限制，不同工艺制造出来的产品造型也会存在较大的差异。

吹塑成型工艺表现的产品造型多以球、圆（柱）基本形组成，整体封闭、壳体较薄、壳体与内外连接少，为了保证吹塑体强度，吹塑造型壳体必须形成凹凸的壳体结构；吸塑工艺表现的造型多为圆浑、丰满、柔和的风格，这是由其工艺过渡面、圆弧曲率不能太小的特性导致的，但吸塑成型工艺的尺寸精度不高，成型加工后材料易变形，因此吸塑成型工艺常用于产品的辅助面、包装面、封闭面等尺寸要求较低的壳体造型。

2. 产品使用材料及制造工艺造型概念

产品造型概念设计，通过色彩、形态、光泽等因素，可以基本说明产品造型的材料类型及加工工艺属性，如用全透明的材料或半透明的材料、不透明材料用于造型。造型中的色彩与光泽表达，能够让我们基本了解产品使用材料的基本属性，塑料的柔和性、金属的坚硬性、纤维材料的不规则性，都可以通过造型设计方案展现。另外，产品成型中组件的成型形态，也能反映材料性质及材料加工工艺性质，钣金成型简洁、规整，以直线、平面与几何线面形成造型样式；塑料成型富于变化，多以大曲率曲面、非规则曲面造型表现其成型优势。材料表面制造肌理，在造型方案中，通过纹理图形、光泽，反映出材料加工工艺方式。

四、现代产品造型策略

（一）系列产品造型

常见产品系列有配套系列、组合系列、家族系列与单元系列。系列产品是企业为扩大市场，满足消费者的各种需求而形成的。系列产品通常具有如下特性：系列产品之间在功能上的关联性，系列产品单体的功能独立性，系列中不同功能产品互补的组合性，系列产品功能发生相互替代的互换性。

1. 配套系列产品造型

各个不同功能的单件产品组装后，形成新功能的系列产品称为配套系列产品。系列中的各单件产品，在组装前不具备独立功能，只有装配后系列整体才具备功能作用，如计算机就是配套系列产品。如图 3-1-22 所示。

图 3-1-22　计算机配套产品

单个键盘或显示器设有独立功能作用，当彼此连接组装后，才形成完整的计算机功能。配套系列产品造型设计应注意如下策略：

①造型风格一致，即造型主体特征一致，如线型或面、体形要素的相同或相似，是直线平面风格的均是这样风格，是曲面风格的一律曲面风格，形成造型个性的统一。

②色彩的统一性与呼应关系的建立，各单件产品的主体色彩是一致的，各单件产品的局部色彩在另外单件中得到呼应，形成统一的标识色彩。

③成型方法的统一性，各单件产品的成型是同样的。

④各单件产品彼此连接的接口是一对应的。

⑤各单件产品的材料使用是一致的，如，计算机各单件壳体注塑件材料的一致。

2.组合系列产品造型

各单体产品具有独立功能，可以彼此组合，形成更强功能或更全功能的产品，这种产品称为组合系列产品。组合系列中的各单体产品尺寸以某种模数来形成彼此之间的组合，因此，其特点是单体产品彼此可互换。通常利用相关标准来实现彼此互换性。建立母体单件后，各单件成为产品模块，可以自由组合，由此派生出若干形式及不同使用方式的产品系列，如组合文具系列、组合音响系列等。

组合系列产品造型设计重视如下策略：

①对于多功能组合的产品造型，要改变原个体产品各自不同的形态，寻找一个能整合所有单体功能产品的形态，作为新组合产品造型特征，在造型传达方面，要通过露、透、显示等方式传达产品多功能内容。

②为促进产品情趣，增强产品的文化价值，扩大产品卖点，运用产品组合造型来表达人们的希望、爱好、祝愿、友情、时尚等需求，这种造型特征侧重艺术化、情调及产品表情。

③对于配套组合的产品造型，可以利用产品形态要素或色彩要素融入每一个配套的单体产品中，使该造型要素在彼此组成中得到呼应，每个单体产品的性格及标记趋于统一。

④对于强制性组合的产品造型，尽管其功能差异较大，但其造型设计中，为了实现整体产品概念，必须寻求形态与色彩设计的统一、材料与成型工艺方法的统一。

⑤产品按照组成要素，如功能、用途、结构、原理、形状、规格、材料等进行扩展而形成系列产品，通常使用的造型方法是注重系列造型的相似性。

3.家族系列产品造型

由一个企业制造或一个品牌下的所有产品群统称为家族系列产品。家族系列产品主要通过产品设计，使其在形态、色彩、大小、材料、功能等方面形成差异，构成不同的产品系列，该系列产品为市场提供更多的可选择性，并对塑造产品品牌十分有利。家族系列产品造型应强调如下策略：

①注意家族产品中某单个组件的通用互换性，是家族系列产品造型设计中需要格外注意的一点，互换组件的突出，可以使其成为统一家族产品形象重要的视觉因素。

②在家族产品造型设计时，应注重家族内的标准化反应的设计，有计划地将其体现在每个产品上，如产品表面处理工艺标准一致性、操作方法的统一性、可互换连接件的一致形式、组装配件的按比例缩放造型等。

③家族产品应保证在造型风格、品质感表现上的统一，尽管家族产品在功能上存在差异会使产品主体造型特征不一致，但可以通过设计统一家族产品的造型风格及品质感。

4.单元系列产品造型

产品功能相同（即产品技术一致）但功能量度不同或功能形式不同，由此构成的产品系列称为单元系列产品。例如，不同规格的台灯系列，造型形式不同，照明强度不同。还有不同规格的电风扇，台式与落地式系列，有普通型、豪华型、智能型等组成单元系列产品。单元系列产品，是产品按照产品某要素向深度扩展的结果。

单元系列产品的造型设计策略应该注意如下4个方面：

①单元系列产品的个体造型，可以按照缩放手法来处理新产品的造型设计、缩放过程中有些零部件或通用件不随之缩放。

②单元系列的个体产品造型，可以按照某一变型方法生成新的产品造型，如将产品沿垂直方向拉长或压扁，原互换件、标准件等不随之变形。

③单元产品造型还可利用加法构成来进行新产品的造型，即在系列产品中按照某一产品作为原型，在此原型基础上增加某些造型，增加的方式是通过叠加、相贯等构成手段。

④单元造型可以利用减法构成来进行新产品的造型，以原某一产品作为原型，在此原型上减去某些形体部分，以形成新型产品造型。如图3-1-23所示，为茶叶单元系列设计示意图。

图3-1-23　茶叶单元系列设计

（二）品牌产品造型

对现代企业来说，打磨品牌才是经营的主题。在企业发展的初级阶段，产品经营是企业经营的主题，但当这一阶段成功之后，企业就会进入品牌经营阶段，品牌经营成功的结果便是名牌。产品是企业打造品牌的重要组成部分，所有品牌产品的造型设计必须符合品牌的经营战略。

1. 品牌形象与产品造型

①符合品牌视觉管理的产品造型。品牌形象通过一整套 VI（Visual Identity）系统来管理、使用、传播，其中品牌商标、品牌标准色、标准字体、象征物等是构成品牌形象的基本要素。产品形象是品牌形象的应用项目，品牌形象的基本要素应用在产品造型中，如产品造型应用品牌商标、品牌标准色、品牌标准字体与象征物等。

②将品牌产品造型设计纳入品牌形象统一管理中，产品的造型风格与品牌理念相吻合，如顾客至上的品牌理念与产品设计以人为本的思想相统一。产品造型识别与品牌形象识别两者兼顾，品牌形象标准要素是形成品牌识别的关键，也是形成产品形象识别的关键。产品自身通过产品造型特征来形成产品自身形象的识别性，对于系列产品，产品造型识别主要是重复与强调某造型要素。

2. 品牌形象变革与产品造型

品牌形象在企业在发展过程中，并不是一成不变的，而是要根据经营战略的需要不断调整，甚至进行彻底变革，如百事可乐在长达 100 多年的经营过程中，进行了 7 次品牌形象变革；美的集团在 20 多年的经营过程中进行了两次品牌形象变革。品牌形象变革后，产品造型也要作出相应调整，明确产品造型设计的对策。

①产品造型的定位要与品牌理念对应，品牌理念是企业针对市场竞争和消费者确定的品牌价值观及品牌追求方向，这就要求产品造型能在语义方面展现品牌理念所概括的内容。

②产品造型风格与识别性配合品牌变革。新产品造型全面应用新品牌形象的基本要素，尤其是品牌商标与标准色的运用。

③品牌变革中，其可取部分仍然保留，这对品牌的延续十分有益。产品造型也可以保留某些要素用于新产品的造型设计，同样可以形成产品发展的连续性。

（三）产品色彩策略

1. 产品色彩设计基本规则

产品色彩不同绘画及平面设计，产品色彩应用所受限制很大，一般规则大致有以下 6 种：

①利用产品色彩设计表现产品功能、形态、材料等属性。

②产品色彩反应品牌形象应用的标准色系。

③产品色彩是形成产品识别的重要手段。

④运用产品色彩区别不同型号、规格的新产品。

⑤进行产品色彩设计与研究流行色结合起来，选用大众喜欢的色彩。

⑥产品色彩应用种类不能太多，一般是 2～3 种以内。

2. 产品色彩设计应用技巧

①同一产品造型，运用多种不同色彩，在色彩方向上形成系列产品。

②同一产品造型，运用不同色彩对产品进行分割处理或用同一色彩对产品进行分割，最终形成产品系列。

③同一色彩应用于不同的产品，有利于形成家族产品系列。

④以色彩区分产品模块部分，传达产品组件性质。

⑤以色彩对产品进行装饰，形成富有特性的视觉效果。

3. 产品色彩设计注意的问题

①注意产品的色彩与产品功能的对应性，利用色彩来暗示产品属性，如消防车是红色，医疗设备是白色，军用车辆是绿色等。

②色彩设计符合人的生理、心理要求，色彩能感染人的心理情感，色彩设计要适合人的生理、心理，尤其是运用色彩给人带来舒适、友好、轻松、激动的新产品。

③色彩设计符合时代特征，色彩设计要反映时代色彩审美及喜好的特征。

④产品色彩设计应注意到不同地区、民族、国家对色彩的好恶。要了解不同国家、民族或地区从历史上形成过来的关于色彩的好恶态度，以此避免产品色彩设计的失误。

4. 产品色彩实施管理

从设计到生产过程中，凡运用产品色彩，均以国家或国际标准来定量化标定产品色彩。

产品色彩管理的任务包括：

①对已落实生产的所有产品的色彩实施标准化管理。对任何涂料、着色剂，最终均以色标来核准产品色彩实施。

②对外加工的产品色彩实施色彩管理，以实现远距离控制产品色彩实施的目标。

③对标准件、互换件色彩实施管理，从而保证任何标准件在任何产品上都是一致的色彩，保证互换件同原件产品色彩的一致性。

④将产品的色彩管理同企业 VI 管理结合起来，一方面保证产品色彩设计的实现性，另一方面保证企业 VI 实施的完整性。

第二节　现代产品工学设计

一、现代产品人机工学设计

（一）现代产品人机工学概要

1. 人机工程设计在产品设计中的作用与性质

产品人机设计解决人与产品之间工学方面的问题，主要解决产品尺寸相对于人的尺度问题，解决产品的使用方式问题，解决人关于产品工程生理、心理方面的问题。与产品造型艺术设计不同，产品人机设计属工学设计，是一种理性设计活动，受人的生理心理客观规律限制。造型艺术设计性质，是一种感性设计活动，造型设计要符合人们的审美要求。人机设计重视实验性，造型设计重视创新性。在产品设计中，一般产品技术含量高的人机设计要占重要地位，产品使用过程外显复杂的人机设计要占重要地位，一般生产性的产品人机设计也要占重要地位。

2. 人机设计环节

人机设计与产品整体设计各个环节的关系，如图 3-2-1 所示。

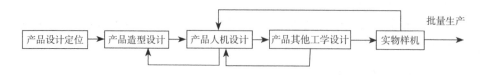

图 3-2-1　人机设计在产品整体设计中的位置

从图中可以看出，首次进行产品人机设计是在完成产品概念设计之后进行的。

产品人机设计在整个产品设计过程中，也是通过多次反复而最终完成的。尤其是用实物样机来检验产品人机设计是产品设计最现实、最必要的环节。

3. 产品以人为本的设计宗旨

人机工学设计对于产品整个设计活动来说，它强化了产品设计以人为本的观念。新产品立项要对应人的需求与愿望，产品概念设计必须以人的尺度建立产品框架，人机设计要以人为人机系统的核心，产品造型设计要符合人的审美，产品工学设计要满足供需者的利益。如图 3-2-2 所示，休闲椅的关键设计是将人的受力分配给人的背、臀、腿、膝部。椅脚的摇摆结构，可以使人随时调整人体各部分受力的大小。

图 3-2-2　休闲椅设计案例

（二）人机界面设计策略

1. 人机界面基本设计原则

人机界面是由显示界面与操作界面共同组成，一些常规界面的设计规律，可以指导人机界面的设计。

（1）显示与控制对应的人机界面设计原则

①时间顺序原则，将必须按顺序显示的显示器件与必须按顺序操作的控制器件一一对应起来，且分别按时间先后顺序，从上到下或从左到右进行排列。

②使用频率原则，将使用频率高的显示器与操作控制器放在人机界面的最佳区域。

③重要性原则，将最重要的显示器件和操作控制器件设置在人机界面最佳区域。

④运动方向性原则，在显示界面上，若有一定方向的显示要素运动，对应的操作控制件运动方向也应与其一致，这是视觉逻辑对应关系。

（2）控制面板设计基本规则

①操作控制器与显示界面在位置上保持一致性，在运动方向上保持一致性，在使用概念上保持一致性。

②操作控制器最好与显示反馈形成同时作用。

③操作控制器应按形状进行编码，按颜色进行编码，按控制功能进行编码，按照位置进行编码。

④操作控制器应按照操作程序及逻辑关系排列，按照重要性与使用频率排列。按照功能分区，将联系多的控制器相互靠近。

⑤合理分工手与脚的操作控制。

⑥条件允许时，尽可能设置一些盲操作。

（3）显示器设置基本原则

①显示器窗口及显示图文应与使用者的操作距离配合，确保最佳距离。

②显示器类型应与显示的性质、形式相吻合，使显示更易识读。

③显示器组群布置，可以按功能、重要性及对应的操作位置进行布置。

④对动态的产品显示，尽可能采用动态显示方法来模拟产品动态。

2.使用方式策略

使用方式的确定，决定了人机模式或人机关系，反过来，一定的人机关系决定了特定的使用方式。

第一，根据操作频率与信息反馈频率来确定坐式操作与立式操作。对于频率高的操作应设计为坐式操作，如，医用碎石机的控制台操作，因信息反馈频率较高，故选择坐式操作，而多媒体信息咨询台，应设计成立式操作。

第二，根据产品自身性质来确定产品的使用方式，如，根据产品重量与尺寸大小来确定产品搬运与携带的方式，根据产品功能来确定产品界面。

第三，为改善人的使用条件、状态，来改变产品的使用方式从而改变产品人机界面的内容与形式，尤其适用于改良产品。

第四，运用使用方式的改变来改良产品成型及结构关系，由此带动人机界面的变化。

3. 新技术与新器件应用策略

应用新技术构建新型人机界面。运用数字仪表代替指针式机械仪表，就是利用新技术的界面器件代替老的界面器件，从而改善了原来的产品界面。新技术使得显示更加清晰、准确、可靠。新技术在文字、图形、动态显示与发声显示方面，无论在信息传达质量、信息传达强度、信息传达即时性上都大有提高。

应用新型操作控制件替代老的操控件。新型操作控制件主要反应在结构的新形式、材料的新形式、支撑技术的新形式、操作方式的新形式。例如，触摸屏操作将显示与操作结合在一起。大大减少了操作控制件所占空间，运用软件功能实现了操作控制。新型操作控制件，使得操作控制更加简易、可靠、准确、安全且人性、情趣及"傻瓜化"也有所提高。

（三）产品人机工学设计程序与方法

1. 产品人机工学设计的一般程序

产品设计中应用的人机设计，除了确定它在产品设计程序中的环节外，还应制定人机设计应遵循的基本程序。

（1）分析人机两个方面

运用图像、文字等多种方法，来描述人机项目中人与机两方面的性质，首先是对操作者进行描述；其次应详细描述被操作的机器或产品（含改进型的老产品），然后整体描述操作者一个完整的操作过程，运用静态图片或动态影像等手段；最后记录操作者操作后的感受，记录机器在被操作过程中的状况，提供给设计人员回去分析研究，从中发现问题。

（2）针对主要问题拟定人机设计目标

对已有的老产品拟定人机设计目标，通过人机研究分析，针对发现的人机问题，提出解决每一个问题的方案，明确人机设计目标。对于新型人机方式的人机工学设计，通过使用方式与概念设计内容制定人机设计目标。设计目标的制定主要针对显示、操作、环境及特殊要求。

（3）应用人体测量

根据人机设计项目中涉及的操作者人群性质，根据人机设计项目的人机关系重点，寻找相关测量标准，包括人体尺寸及人体部分器官测量标准，人体运动范围测量标准，人体力学测量及知觉器官功能测量标准，环境因素规定标准，找到这些标准，供后面的人机设计查用。

（4）人机界面设计

根据使用方式及产品功能的要求，确定所有显示与操作器件项目。针对各项目，选购器件并检审其与产品内部的连接关系及功能的合适性。当所有操作与显示器件确定后，根据使用要求、产品造型、结构设计，安排显示与操作器件在产品中位置、排布、安装方式，所有设计方案经过图纸分析检验与实物评价，操作使用验证，最终完善产品人机方案，形成商品化的执行标准。

（5）人机关系的评价与完善

运用链式分析方法、对应链分析法、链式作图分析法、重要程度与频率用图分析法等来评价人机工学设计。另外，还可通过寻找及分析人机错误来完善人机设计方案。通常的人机错误大致有：功能分配、工程设计、器件设置应用错误等。根据以上评价分析，发现设计中的错误，在设计方案中修改完善，最终确定。

2. 简易实用的人机设计方法

（1）体验型的人机设计方法

所谓体验型的人机设计方法，就是将设计者自身或设计者可方便支配的人作为本人机设计项目的"人"。凡涉及产品人机设计中人的因素，都以此"人"作为对象，无论在产品尺度、显示、操作控制各方面，都让此"人"作为本产品关联的对象来实际体验产品的操作使用，来亲身感受人机关系，从中设计并检验这一人机模式。

（2）分析改进型的人机设计方法

这一设计方法主要针对改良设计的产品。所谓分析改进型的人机设计方法，主要是在原老型产品人机关系的基础上通过研究分析，通过销售、使用反馈的问题研究，来针对改良、完善人机问题的设计方法。这一人机设计方法主要针对的问题有两个方面：一是以往售后使用中反馈的问题；二是对其进行研究分析，从中发现人机问题。所以，产品售后信息反馈收集十分重要，研究分析方法的细致和深入十分重要。这一方法适用于所有改良的工业产品，且设计目标明确，设计成本低，设计效果显著。其不利方面是对改良产品新的变化把握不全，反应不整体。

（3）计算机设计方法

利用计算机相关设计及图形软件，就人机之间尺度关系，动作及空间关系进行工程设计与模拟的方法。这种方法适合于人机空间布置、动作模拟、相关人机尺寸的建立、人机色彩设计等内容，可使用的设计软件有 Poser、CorelDRAW、3DSMAX、AutoCAD 等。这种设计方法形象具体，可反复修改，能够提供多种设计方案，能够进行多次推敲与比较，该方法适合所有人机设计的前期设计。该方法是一种虚拟设计，相关人的真实感受及真实原型的情况不能够完全反应出来。

二、产品结构与机构设计

（一）产品结构设计

通常将产品彼此关系固定的、静态的产品壳体结构、支撑结构、安装连接结构等设计称为产品结构设计。

1. 产品结构分类

（1）产品壳体结构

产品壳体结构是产品外部成型内容，是产品外部包装、封闭结构。产品壳体结构的任务是完成整体造型，连接人机界面，保护产品内部组件，隔离人及其他环境因素，连接产品内部，具有支撑产品重量的作用。例如，电视机的外壳、手机的外壳、飞机的外壳、计算机的外壳等等。

（2）产品支撑（框架）结构

产品支撑结构的作用是支撑产品的重量，支撑产品内部组件及产品壳体，配合产品造型，安装连接产品内外器件。有时候，产品支撑结构直接成为壳体结构，如剪刀、眼镜等产品。对于体积与重量较大的产品，其支撑结构往往被包含在壳体之内。支撑结构一般以型材加工而成，比如，螺丝或螺栓连接，具备很强的连接安装功能，包括产品的内部线路安装。

（3）产品安装连接结构

产品安装连接结构主要将产品内部各组件在产品内部空间固定起来，保证各组件的相对位置、安装强度与可靠性，保证各组件之间的逻辑关系。安装连接结构还有将产品壳体与框架及产品组件共同连接起来的作用。有时候安装结构与连接结构是相互不同的组成部件，如，便携式监护仪的内部组件连接钣金结构与壳体安装结构，就是彼此分离的。有时候产品安装结构与壳件结构合为一体，有时候产品的连接结构与壳体结构或框架结构合为一体。通常产品组件安装在框架结构上，所有组件重量及固定安装关系主要是建立在框架结构上，当壳体结构与框架结构合为一体时，所有组件的安装关系将建立在壳体结构之上。

2. 产品结构形式

产品的结构以多种形成存在：

①产品壳体结构与支撑、安装、连接结构合为一体，如手机结构，壳体将支撑与安装、连接融为一体。

②产品壳体结构与安装连接结构合二为一，如，PC机主机前面板结构，它对于主机而言不起支撑结构的作用。

③支撑结构与安装连接结构合二为一又称为框架结构，它是产品的骨架，起到连接壳体与内部组件的作用，主要发挥支撑整个产品的作用。

④框架结构与壳体结构、安装连接结构合为一体，如，玻璃钢凳、椅，其框架结构又成为壳体结构，并起到安装与连接的作用。

⑤壳体结构，仅起到包装作用，而不存在支撑与安装连接作用，如，塑料瓶的壳体结构，笔筒结构、烟灰盒结构等。

⑥安装连接结构，仅起到产品内部组件的安装与连接作用，而不能有其他作用，如，监护仪内部各组件需安装在内部支架结构上，此支架结构又连接在壳体结构上，此支架为安装连接结构。

3. 产品结构属性

所谓产品结构属性，是指产品结构在实现材料及加工方法方面的性质。

（1）注塑结构

产品构件，如壳件、支撑件或安装连接件，是通过塑料注塑加工形成的。注塑结构非常多，尤其是注塑的产品壳体结构，在产品中占相当大的比例，像电视机、电话机等的壳体均是注塑结构。注塑结构用于安装连接时，其尺寸准确性好，但它不适于作为框架支撑结构。

（2）金属钣金结构

利用金属板材进行相关加工，形成的结构件用来作为产品壳体结构件。金属钣金应用十分广泛，且应用功能较强，许多机柜类产品主要通过钣金结构件形成。钣金结构最易于作为框架支撑结构，而作为壳体结构时，成型效果较为单调，作为安装结构时，其尺寸精度不高。

（3）金属冷热加工结构

利用金属型材进行热加工，如，焊接加工、铸造加工、压铸加工、锻压加工等，形成的加工结构件，称为金属热加工结构件。如，不锈钢焊接结构件用于居室门、五金产品，铸造的机床座，锻压的健身器材等。利用金属材料进行冷加工，如，车、铣、刨、磨、钻、冲压、折弯等加工形成的结构件，称为金属冷加工结构。其中的冲压件，又称五金模冲压件，运用模具冲压加工板材而形成的凹凸形体结构，如抽油烟机面壳件、燃气灶具的壳体件等，这类加工结构在产品结构中也较多用。

（4）吹吸塑结构

通过吹塑模及吸塑模具加工的结构件，称之为吹塑结构或吸塑结构。许多产品的包装采用吸塑加工的结构件，有些医疗产品的外壳采用吸塑加工结构件。一些容器产品多采用吹塑结构，还有一些玻璃产品也是采用吹塑模加工结构。

（5）复合材料加工结构

这种结构比较多，如玻璃钢结构件，采用木模加工成型。有机玻璃结构件，是以机加工与化学加工形成。还有碳纤维结构件，橡胶成型结构件，陶瓷成型结构件，树脂成型结构件。

（二）产品机构设计

1.机构定义

两个以上的构件，通过运动组成一个相对于机架（其中固定不动的构件）具有确定运动的结构系统，称为机构。

2.机构分类及其特点

（1）转动机构

它由转动体和转动轴套组成，在外力作用下，转动体相对于轴套做旋转运动。例如，常见的旋转开启式门的铰链机构，不管它的形状如何变化，都有一根旋转轴，这根轴围绕着轴套旋转。这种简单的转动机构适用于多种开启转动的需要。

（2）螺旋机构

它由螺旋和螺母组成。特点是能用较小的转矩获得很大的推力，传动比很大，有较高的传动精度，可将旋转运动变成直线运动。例如，螺栓和螺母之间的相对旋转运动，这就要求螺栓或螺母一个旋转，一个静止，或两者朝相反方向旋转，不然无法产生相对旋转，也就无法产生直线方向上的运动。

在螺旋机构设计中，要根据需求选择适当的行程和传动比，一般情况下固定一个，另一个旋转。如果是螺栓的旋转需要人力，一定要考虑所需力的大小，考虑到用扳手扳螺栓，螺栓以易于扳手操作的形状为准，留足扳手操作空间等，力较小的要考虑易于手指施力。

（3）凸轮机构

由主动齿轮和被动齿轮的啮合来传递运动的机构，称为齿轮机构。齿轮又可分为直齿齿轮、斜齿齿轮、锥齿齿轮、齿轮、齿条等。特点是恒定的转动比，传递功率大，噪音小，结构紧凑，使用寿命长。但制造精度高，工艺复杂，成本高。直齿和斜齿机构轴线都是平行的，但锥齿轮机构的两根轴线是交错的，一般情况下是垂直的，如汽车的后轮驱动就是一对锥齿轮，将运动由 X 轴转化成 Y 轴轴向旋转，以带动后轮滚动。齿轮齿条也是两个直齿的啮合运动，只是齿条是一个半径为无穷大的齿轮，它们的啮合，使得由旋转运动转化为直线运动，同时具有齿轮机构的优点。

（4）蜗杆蜗轮机构

蜗杆蜗轮机构由蜗杆、蜗轮组成，是在交错轴（通常轴交角为 90°）之间传递运动和动力，工作平稳，传动比大，噪音小，结构紧凑，重量轻，体积小，但制造、安装精度高，传动效率低，发热量大，成本高。

（5）连杆机构

连杆机构是由杆状块状的构件组成。其特点是：形状规则，加工容易，可以承受较大载荷，特别是耐冲击，可以实现多种运动形式，如，转动、移动、摆动及平面一般的运动，可以远距离传动，但很难实现等速、等加速、等规则运动。常见机构有：曲柄摇杆机构，曲柄滑块机构，转动导杆机构等。如图 3-2-3 所示，为连杆机构的原理图。

图 3-2-3 连杆机构原理图

三、材料应用及成型工艺设计

（一）塑料及其成型

1. 塑料的一般特性

塑料品种较多，其性质各不相同，就工程塑料类而言，它们的一般特性如下：

（1）质量轻、强度高

塑料的密度在 0.9～2.3 克 / 厘米 ^{2}，它的重量是钢材重的 1/6 左右，是铝型材的 1/2 左右，质量轻对于产品设计十分有益。塑料是交通工具、便携产品极合适的成型材料。

（2）材料化学性能稳定性好

一般工程塑料的化学稳定性较好，它们对酸碱化学药物的抗腐蚀性较好。尤其像聚四氟乙烯塑料能够耐较强的酸碱。塑料化学稳定性能与其介质种类、介质温度、压力，材料内残存内应力及孔隙密切相关，因此，塑料作为产品外壳及一定化学环境的材料是相当有用的。

（3）优良的耐磨性、减磨性与自润滑性

由于塑料硬度较低，相对于金属而言，塑料的摩擦，磨损性能甚至优于金属，塑料的摩擦系数较低，因此其磨损也很少。有些塑料自身在摩擦中具有润滑性，如聚四氟乙烯、尼龙材料等作为制造轴承、凸轮、活塞环及密封圈十分有效。

（4）良好的绝缘性、消声性和吸震性

大多数的塑料均具有优越的电绝缘性与耐电弧特性，其绝缘性与陶瓷、橡胶相当。利用塑料制成的运动件，可以减少噪音、降低振动，因此塑料广泛用于带电的产品，发挥了材料绝缘性。利用塑料制成齿轮及蜗轮蜗杆传动件，可大大减少摩擦噪音，并使运动更加平稳。

（5）独特的成型性能

工程塑料的成型十分方便，能够制成各种复杂结构及不同曲面的组件。因此，可以自由表达设计师的形式创造，并使得产品组件更规整、更简洁、更经济，塑料成型的利用，可大大提高劳动效率和加工效率，节省加工时间，这是促进塑料在工业中应用更广泛的重要原因。

（6）优美舒适的质感与肌理

工程塑料具备亲切、柔和、安全的触感，常给人以硬中有软、软中带硬的弹性与柔度感。由于塑料表面可加工的纹理选择性大，不同的光泽和摩擦感，在视觉和触觉上给人带来的舒适感也是多种多样的。由于塑料有极强的着色性，塑料能够制成不同色彩的构件，能使产品设计十分方便和自由。塑料件还可以制成全透明及半透明效果。半透明材料还可着上各种颜色。这些性能给产品造型形式带来十分丰富的素材。

（7）塑料的一些缺点

塑料的力学性不稳定，它随温度、时间、形状及内应力的不同而不同。塑料有老化问题，塑料在使用过程中，因受时间、热、紫外线、化学腐蚀、水分，及微生物的作用，而改变塑料原有性质直至老化，丧失功能。塑料的耐腐蚀性能不稳定，且易摩擦起电。

2. 产品设计常用的工程塑料介绍

（1）ABS 塑料

① ABS 塑料的特有性能。ABS 塑料是丙烯腈 - 丁二烯 - 苯乙烯共聚物（Acrylonitrile Butadiene Styrene）的简称，具有耐热、质硬、刚性的特性，具备强度高、尺寸稳定性好、耐腐蚀性强、绝缘性好等性能。ABS 不透明且着色性好，常用于制造成色彩好、光泽性高的产品，是无毒、无味、不透水、略透水蒸气、吸水率低、不易燃烧，燃烧缓慢的材料。在机械性能方面，表现较强的抗蠕动性和耐磨性。

② ABS 塑料在产品中的设计应用。ABS 塑料良好的综合性能，在产品制造工作中应用十分广泛。利用 ABS 塑料的绝缘性，可用于制造电讯器材、机电产品与工业电器产品，如电话机。利用 ABS 塑料的无毒、无味、耐低温性能、广泛用于冷冻与冷藏产品的制造中，如冷冻机及其冷冻汽车、电冰箱、冷藏库等的

内壁板、衬板、门及隔箱等。利用 ABS 塑料的强度及机械、物理性能，可用于家用电器及各种仪器仪表的制造，如洗衣机、打字机、打印机、计算机、电视机、电风扇、电流表、电压表、各种检测仪表等。由于 ABS 重量轻，可用于飞机上的各种装饰板、仪表板、机罩等。

ABS 塑料根据其自身组成成分，可分为通用性、耐热性、阻燃烧性、透明性、结构发泡性及电镀性、改性性等 ABS 塑料。通用性 ABS 塑料用于制造产品把手、产品外壳及仪器、仪表、玩具、小家电等产品壳体的制造。阻燃性 ABS 用于制造交通工具、家用电器与工业电器壳体。结构发泡性 ABS 塑料用于制造电子装置的各种罩壳件。透明性 ABS 用于制造各种家用电器、个人电器及电脑等壳件。电镀性 ABS 用于制造经装饰的各种旋钮、铭牌、装饰件等产品。

（2）聚烯烃塑料

①聚乙烯 PE 塑料。聚乙烯按聚合时的压力不同可分为高压聚乙烯、中压聚乙烯、低压聚乙烯。通常聚乙烯为白色蜡状半透明材料，材质柔韧，比重比水轻，易燃但无毒性。在常温时对各种酸碱等均有抗腐性，因此材料表面难以涂饰。由于其机械强度不高，很少用作支撑结构件。PE 塑料广泛应用于工业及家用领域，如制造家用电器、塑料容器、包袋制品，用于工业及日用产品的外包装，用于电器制造的绝缘护套，用于抗腐蚀制品的表面护层。

②聚丙烯 PP 塑料。聚丙烯 PP 塑料，密度最小，其耐热性能好，常用于廉价的耐热塑料。通常 PP 塑料呈较透明的蜡烛白色、易燃。PP 塑料由于其典型特性、广泛应用于耐热制品，如，齿轮、轴套、齿条、丝杆等各种运动的零件。用于作为录音带、电机罩、灯具内罩等。还可用于制造各种浮力制器、防潮制品、旅行便携产品等。

③聚苯乙烯 PS 塑料。聚苯乙烯 PS 塑料广泛应用于工业、家用及其他行业。PS 塑料导热率小，材料尺寸及形体不易受温度影响，且具有光泽、无毒、无味、比重小的性能，PS 塑料易着色。因此，它广泛应用于高热、冷寒制件的绝缘材料，如汽车灯罩及其他灯罩。另外，PS 可用于一些透明壳体的制造及光学产品的器件，还可用于各种着色的产品外壳制品。

④聚氯乙烯 PVC 塑料。聚氯乙烯 PVC 塑料，是易燃有毒材料，在工业中应用最早最广。聚氯乙烯塑料因在其组成成分中加入增强剂，可分为硬质 PVC 与

软质 PVC。硬质 PVC 的应用比软质 PVC 应用更广泛，硬质 PVC 因机械强度高，绝缘性好，常用于电器产品及电气配件产品的结构体，如工业中常用的管、棒、板等型材及电机、离心泵、通风机壳件，还有一些耐寒、耐酸碱的软管材料、薄板材料及承受高压的纤维软织材料，如薄膜等。由于 PVC 材料的着色性及色彩的黏着性，PVC 材料还用于制造各种有颜色、质地柔软、富有弹性与光泽的日用产品，如脸盆、皮箱、家用制品与办公用品。

（3）有机玻璃 PMMA 塑料

有机玻璃 PMMA 塑料，化学名称聚甲基丙烯酸甲酯，材料的透明性很好，可与硅酸盐玻璃相似，可以透过 90% 以上的太阳光，它的重量轻，机械强度高，具有相当的耐热性和耐冲击性，并有一定的弹性，比硅酸盐玻璃受力好。有机玻璃表面有水晶效果，能添加着色料，能制成各种不同颜色的有机玻璃。有机玻璃通过加热能够弯曲和折弯，能够切削、打孔和粘接，可适用制作各种不用开模具的透明非标构件。有机玻璃的不足之处是质地脆、易开裂，它的表面硬度低、易划伤、易摩擦起毛。有机玻璃可用来制造有透明和强度要求的产品构件，如显示窗盖板、装饰牌、油标、油杆等，还可用来作为造型创新材料，用于家具、文具、生活用品的制造。

（4）聚碳酸酯 PC 塑料

聚碳酸酯 PC 塑料是透明的、偏淡黄色的塑料，它是一种新型的热塑性工程塑料。近年来，PC 塑料越来越多地被应用到日用品、文化用品、家用产品的设计上。其拉伸强度较高，伸长率在塑料中最高，其韧性和弹性在塑料中也是最好的。其弯曲性能好，压缩强度与冲击强度较高，无毒，耐温性较高，PC 塑料可用来制成产品外壳，如玩具壳、文具结构、电子产品的部件。由于其耐高压和绝缘性，PC 塑料可用于制造垫圈、垫片、套管等电气零件。由于有较强综合机械性能，PC 塑料还可以用来制造开关、手柄、旋钮、螺丝、螺母、产品铭牌。特别是其优良的耐冲击性，PC 塑料可用于制造安全帽和有关产品的顶盖。PC 塑料也可用来制造各种工业用、野外用灯具的灯罩以及产品视窗盖和检测构件。

（5）酚醛树脂 PF 塑料

酚醛树脂 PF 塑料是由酚类与醛类材料化学反应而成，它是一种热固性塑料，其硬度高，脆性大，刚性大。PF 塑料颜色深、明度低，通常情况下，是黑色、深棕色、深灰色等。这种材料用于产品外壳十分有限。常用于机械工业、汽车工业、航空工业、电器制造业的产品零部件和产品内部的安装结构件，如塑料齿轮、凸轮、轴承、皮带轮、电器支架。在 PF 塑料中若添加材料、有色填料、可以制成有纹理的装饰材料，用于仪表板、家具、交通产品、居室空间的装饰板材。

3. 塑料的成型

了解塑料的种类与属性，还必须熟悉塑料对应的成型加工方法，掌握塑料的成型效果及成型应用，给产品工业设计提供实施条件。

（1）注射成型

使用设备为注塑机。成型过程是：将粒状塑料原料加入料筒内，塑料受热熔融，开动注塑机，操作注射螺杆或活塞推动，将熔融的塑料通过腔体经喷嘴和模具的浇注结构注入模具空腔内，塑料在此模具内冷却硬化定型，最终形成注塑体。注射成型的塑料制成品加工效率高，适用于复杂结构与复杂曲面的中小型产品壳件与结构件，适宜于大批量生产，一套模具，可承受 40～50 万件产品的加工，并且在模具中可预埋金属连接件、嵌件。

（2）挤出成型

使用设备为螺杆挤出机。挤出成型的过程大致为：将塑料颗粒原料加入料筒加热成流体状态，然后利用机械动力，在挤出螺杆的带动下，将流体塑料灌入模具型腔获得连续性的型材。挤出成型能够加工各种热塑性塑料和部分热固性塑料。挤出的塑料通常为管材、薄膜、棒材、板材或其他截面形状不变的连续性型材。

（3）吹塑成型

使用设备为吹塑机。吹塑成型过程大致为：将颗粒塑料加热成熔融状态，然后将熔融状态的塑料形成料坯，并置于模具空腔内，当模具闭合后，通过压缩空气对料坯的吹胀，在模腔内成型并冷却，最终形成中空形状的塑料制品。吹塑成型依据吹塑设备的不同，可分为挤出吹塑成型、注射吹塑成型、注射延伸吹塑成型、多层次吹塑成型、片材吹塑成型等。吹塑成型，一般适用于加工型体为中空、薄壁、口径小的各种容器制品。

（4）吸塑成型

吸塑成型使用的设备为吸塑机。加工过程大致为：将热塑性塑料板材或片材置入吸塑机内加热使其软化，通过机械抽真空，借助大气压力将软化的板材或片材吸附于一个实体模型之上,冷却后即可得到成型塑件。这种加工方法适宜制造杆、盘、箱壳、盆、罩、盖等薄壁敞开口制品。吸塑成型的优点在于设备简单,可批量生产,模具加工的要求和成本都比较低(依据加工精度要求及生产量要求,吸塑模具可制成木模、铜模、铝模和石膏模等);缺点在于是成型后厚度不均,也不能形成小倒角的曲面,形状过于复杂的制品并不适用这一加工方法,适用于吸塑的工程塑料包括但不限于 ABS、PVC、PS、PC、有机玻璃等。

(5)压制与浇铸成型

压制成型与浇筑成型都主要适用于热固性塑料的加工,但成型过程所不同。

压制成型是将粒状热固塑料原料加入模具内,通过加压将模内原料压紧,同时加热模具,使模具内原料软化充填模具型腔,在加热中塑料产生硬化,脱模后即得成型体;浇铸成型是将塑料原料加入模具料室内,加热使其成熔融状态,通过活塞压力作用并经过浇铸系统将熔融塑料灌入闭合的型腔内,塑料在型腔中继续受热受压而固化成型,打开模腔可取得成型体。

压制成型的优势在于方法简单,能加工复杂型体,而劣势在于生产周期长、效率低,做不到连续生产,且模具成本较高,所以这一成型方法在加工塑料时并不常用;而浇铸成型方法成型效率高,加工出来的型件电气性能与机械性能好,更适用于机械化和自动化生产。

(6)塑料加工成型

工程塑料通过机械加工及相关连接加工,也是产品成型的方法之一,并且这种加工方法成本低,适宜不同量的生产。

①塑料机加工成型。利用工程塑料板材、棒材、管材、通过各种机械加工,如车、铣、刨等,能够形成各种塑料成型体,尤其是 CNC 数控加工,可以将塑料加工成复杂结构及复杂曲面的产品壳体,其效果接近注塑成型效果。塑料导热性差,在塑料机加工时,一般切削量要小,防止塑料升温。热性塑料硬脆,切削时要防止崩裂。

②塑料连接成型。塑料成型必须依赖彼此连接实现,常用的连接方法有:机械连接、化学粘接与焊接三种方法。

A. 机械连接:通过铆接与螺栓连接。通常是在塑料构件预埋螺母,在螺口处打孔,可实现螺丝与螺母连接。

B. 化学粘接：利用溶剂粘接。利用溶剂的作用，使塑料表层化学反应，使两表面溶胀、胶化，在适当加压力后，两表层贴紧，溶剂挥发后，两塑料粘接成一体。此粘接方法适用于 ABS 等热塑性工程塑料。常用的胶粘剂有甲乙酮、丙酮、醋酸乙酯、氯乙烯、二甲苯。选择溶剂一般根据其挥发快慢来选择。

C. 塑料焊接：主要是超声焊接，利用超声设备将两塑料件在焊接头位置形成熔融状态，冷却后融接在一起，这种焊接成点状连接，时间短，连接性能好，外表无损伤，但适宜于焊接夹具能够夹住的塑料件。

（二）金属及其成型

1. 金属材料的基本性能

（1）金属材料的机械性能

金属材料的机械性能，集中反映金属受力作用的各种力学性质。

①强度。金属构件承受各种外力作用而不失效的程度，即金属受力后抗变形、不断裂的性能。

②硬度。金属材料抵抗硬物压入其内的能力，硬度越高，表面变形越小。硬度通常与刚性、耐磨成正比。

③刚性。金属材料抵抗外力使其构件变形的能力，通常与硬度成正比。刚性越大，金属构件受到外力时变形越小。

④塑性。金属构件在外力作用下，产生不恢复的塑性变形，且金属构件不被破坏的程度。具有塑性的金属，有利于锻压成型、冷冲与冷拔成型。

⑤弹性。金属材料承受外力作用恢复原型的能力，金属弹性越好，恢复原形的能力越强。弹性与塑性是一对相反的属性。

⑥韧性。金属材料抵抗冲击力作用的性能，韧性越好，抵抗外冲击力的程度越高。

⑦疲劳强度。金属材料经受无数次应力循环而不失效的性能。材料表面构造、残余应力等对金属的疲劳强度都产生影响。

（2）金属材料的工艺性

金属材料接受多种加工的难易程度与效果，称为材料的工艺性。

①切削加工性能，金属材料是否易于被切削加工的性能，称为切削加工性能。易切削金属对刀具磨损小，加工表面光洁。金属切削性与材料的硬度、韧性、发

热性密切相关，较硬的、韧性高的、导热性差的都难以加工。

②焊接性能，金属材料无须附加特别措施，易于焊接并获得较好的焊接质量的特性。焊接性与材料的组成及焊接工艺方法有关。一般低碳钢及低合金钢易于焊接。

③铸造性能，金属铸造性包括液态金属的流动性、收缩性与偏折倾向三方面。铸造性能好，其流动充满型腔的能力强，且收缩后的体积收缩小、不产生缩孔、缩松、收缩压力、弯曲变形和开裂缺陷。一般灭口铸铁具有良好的铸造性。

④锻压性能，一般是指金属材料是否容易进行锻压加工的性能。一般而言，低碳钢易于锻压加工，易于锻压的金属塑性好。

2. 金属材料的成型性质

（1）金属材料的表面相貌

任何金属材料表面都有一定颜色、反光现象及光泽。金属表面通常有反光强弱，表面肌理组织各异，颜色各异的特点。通过加工能形成多种图案及光环视觉，给产品形象增添丰富的表情。

（2）金属材料可塑成型

金属材料的内部组织成分，决定了金属具有良好的塑性成型能力。通过塑性加工，可形成多种形状的型材。通过铸造、锻压和金属模具冲压，能够形成多种产品造型构件。

（3）金属材料的表面工艺

金属的表面可进行多种装饰性加工，实现金属表面产品造型的多种设计效果，创造多种视觉肌理与触觉肌理，产生多种光泽视觉效果，产生丰富的金属颜色。金属材料的表面工艺性，为产品造型装饰发挥有益作用。

（4）金属材料的综合性能

金属优良的导电性，可作为产品的导电材料、屏蔽材料。金属优良的导热性，可作为产品散热构件的材料和耐温材料。金属材料还可回收再利用。

（三）材料应用方法策略

1. 认识材料的质感与性能

（1）材料质感与材料选用

材料质感是指通过产品的表面特征，给人以视觉或触觉感受以及主观联想，是人与材料表面发生关联后，生理与心理感受的总和。产品质感由材料表面的肌理、色彩、光泽决定。材料肌理可分为视觉肌理与触觉肌理，其中触觉肌理包括软硬、粗细、干湿、冷暖、滑涩等。任何材料都有颜色，材料颜色分为自然固有色彩和表现处理后的色彩，但无论哪一种色彩都取决于材料质地的色彩。材料呈现的光泽受材料表面光洁（滑）程度、材料颜色、材料表现肌理等因素影响，颜色越暗光泽越明显，材料的表现肌理组织不同，呈现光泽的效果及现象也会不同。

材料质感的选用应与产品设计配套、与产品性质及内涵相协调，才会对产品产生有益影响。

①材料质感强化产品性格，如木纹质感常给人以自然、温和的印象，故具备木纹质感的产品所呈现的性格更为柔和。

②材料质感影响产品档次及价值性，如质感细腻光滑的产品，往往给人以典雅、高贵的印象。

③材料质感展现是产品形象的重要手段之一，材料质感与产品形体、功能搭配得当，才能展现更准确、更优质的产品形象。

④产品材料质感直接影响人与产品的亲和关系，如，柔和的、亲肤的材料质感，自然会拉近人与产品之间的距离。

（2）材料性能

只有了解材料的性能，才能针对产品设计选择适当的材料。一般情况，可从如下方面分析材料的性能：

①材料的物理性能，即材料的颜色、密度、熔点、导热性、导电性、热膨胀性、热变形性、绝缘性、电阻率、折射率，磁性等现象与特性。

②材料的化学性能，即材料的组成成分、显微组织、抗酸碱腐蚀的性能、氧化性、抗阳光作用的性能、抗热分解性等。

③材料的机械性能，即材料的硬度、刚性、弹性、塑性、冲击韧性、疲劳强度、耐磨性等。

④材料的成型性能，即有关材料的加工难易性、成型难易性、成型经济性、成型复杂性与成型效果等性能。

⑤材料的尺寸精度性能，指材料在同等加工条件下，能达到的尺寸精度，即达到的尺寸与形状差距情况。

2. 材料选用注意问题

①在产品设计中，同一产品，尽可能选用同一材料，这样既方便采购，又便于集中加工。且相同的材料方便连接，还有利于产品废后材料的回收再利用。

②根据材料的质感及肌理，尽可能直接用于产品表面及内部材料，这样可减少表面装饰环节，保持了材料原质感的真实、自然性。

③利用可降解材料，保证产品报废后，材料不构成环境污染，其降解物可重新进入生态循环。

④尽可能利用再生材料，不至于造成过多垃圾和环境污染。还可将其加工再生，减少原材料消耗。

⑤合理选择材料强度保证意外时不至于损坏产品。如，坠物损伤、翻转撞伤、振动等。

⑥选择材料要满足温度、湿度的要求，防止高温时，材料变形及物理性改变，防止过低温时，材料使用的脆裂。同时，还要防止材料在高湿度下的吸潮变形和腐蚀。

⑦选用材料要考虑产品的人为破坏，如，公共设施，像公用电话、自动取款机、公用查询终端等。

⑧选择材料还要考虑到产品可能遇到的意外危害，如，火灾、水灾、气体泄漏、日光、风暴、雪、冰等形成的危害。还有意外污损及有害环境的侵害。

第四章　产品可持续设计的基本理论

本章为产品可持续设计的基本理论，将产品设计与可持续理念结合在一起，依次介绍了可持续发展概述、可持续设计的诞生与面临的挑战、可持续设计与制造基础三个方面的内容。

第一节　可持续发展概述

一、可持续发展的形成与发展

（一）可持续发展的形成

可持续发展的概念很简单。马尔萨斯、里卡多和穆勒等西方经济体也认识到，人类活动有着相关的人类消费终点和生态终点。人类开始从全球角度探讨环境问题，参与大型讨论会。从 20 世纪 60 年代的"销售之春"，会议讨论的是限制经济增长的主题，到 1972 年的第一次联合国人类环境会议，会议讨论的是人们面临越来越严重环境问题。1981 年，美国世界观察研究所所长布朗先生出版了《建设可持续社会》一书，并于 1987 年出版了《我们的未来》。1992 年 6 月，在里约热内卢举行的联合国环境与发展会议通过了《21 世纪议程》，为深入了解现代人对可持续发展的认识奠定了基础。

1. 萌芽阶段

20 世纪中期，环境污染变得越来越严重，特别是在西方国家，环境问题越来越占据重要地位，环境问题对人类的生存和发展变得越来越重要。20 世纪 50 年代末，美国海洋生物学家雷切尔·卡逊了解美国使用杀虫剂的危险性后，在 1962 年出版了她的流行环保书《寂静的春天》。她向世人呼吁，我们长期以来一直行驶的这条发展道路，容易使人错认为是一条舒适、平坦的超级公路。而实际上，在这条公路的终点却有灾难在等待着，这条路的另一个岔路——一条"很少有人走过的"岔路——为我们提供了最后唯一的机会以保住我们的地球。不过，"这个岔路"究竟是什么样的道路，卡逊没有确切提出。但作为环境保护的先行者，卡逊的思想在世界范围内引发了人类对自身行为和观念的深入反思。

1968 年，来自世界各国的几十位科学家、教育家和经济学家等聚会罗马，成立了一个非正式的国际协会——罗马俱乐部。它的工作目标是：研究和研讨人类面临的共同问题，使国际社会对人类面临的社会、经济、环境等诸多问题，有更深入地了解，并在现有全部知识的基础上推动能扭转不利局面的新态度、新政策和新制度的产生。

受俱乐部的委托，以麻省理工学院 D. 梅多斯为首的研究小组，对长期流行于西方的高增长理论进行深度的研究，并在 1972 年写出了建成后的第一个研究报告——《增长的极限》。报告深刻阐明了环境的重要性及资源与人口之间的基本关系。报告中论述了，因为世界人口增长、粮食生产、工业发展、资源消耗和环境污染这五大原因的操作方式是指数增长而非线性增长，如果目前人口和资本的快速增长模式继续下去，世界将会面临一场"灾难性的崩溃"。也就是说，地球的支撑力将会达到极限，经济增长将发生不可控制的衰退。因此，要避免因超越地球资源极限而导致世界崩溃的最好方法是限制增长。

《增长的极限》一发表，在国际社会特别是在学术界引起了强烈的反响。该报告因在促使人们密切关注人口、资源和环境问题的同时，引发了反增长的观点而遭受到尖锐的批评和责难，从而引起了一场激烈的、旷日持久的学术之争。一般认为，由于受种种局限，《增长的极限》的结论和观点存在十分明显的缺陷。但是，报告指出的地球潜伏着危机、发展面临着困境的警告无疑给人类开出了一副清醒剂，它的积极意义毋庸置疑。《增长的极限》曾一度成为当时环境运动的理论基础，有力地促进了全球的环境运动，其叙述的"合理的持久的均衡发展"的理念，推动了可持续发展思想的产生。

2. 初步形成

1972 年，来自世界 113 个国家和地区的代表汇聚一堂，在斯德哥尔摩举办了联合国人类环境会议，共同讨论了环境和人类相互影响的有关问题。这是人类第一次将环境问题纳入世界各国政府和国际政治的事务议程。大会通过的《人类环境宣言》宣布了 37 个共同观点和 26 项共同原则。作为探讨保护全球环境战略的第一次国际性会议，联合国人类环境大会的意义在于，唤起了各国政府对环境污染问题的觉醒和关注。它向全球呼吁：我们现在必须认真考虑我们在世界各地的行动，对自然环境的影响，也是人类的紧迫目标，各国政府和人民必须为全体人民及后代的利益而作出共同努力。

尽管大会对环境问题的认识还不够，也尚未确定解决环境问题的具体途径，尤其是没能找出问题的根源和责任，但它正式吹响了人类共同向环境问题挑战的号角，在宽度和深度上都大大增强了各国政府和公众的环保意识。

3. 正式形成

20 世纪 80 年代开始，联合国成立了世界环境与发展委员会（WECO），挪威首相布伦特兰夫人担任主席，为了制定长期有效的环境政策，帮助国际社会确立更加有效的解决环境问题的途径和方法。经过 3 年多的深入研究和充分论证，该委员会于 1987 年在联合国大会上介绍了一份有实际证据的研究报告《我们共同的未来》。该报告内容有人口、粮食、物种、遗传资源、能源、工业和人类安排等问题。

报告强调，过去我们重视的是经济发展对生态环境的作用，而现在我们正感觉到生态环境对经济发展的限制作用。因此，我们需要有一条崭新的发展道路，这条道路不是一条只能在若干年内、在若干地方支持人类进步的道路，而是一条直到遥远未来都能支持全人类共同进步的道路——"可持续发展道路"。这实际上就是卡逊在《寂静的春天》里没能给出答案的"另一条岔路"。布伦特兰鲜明、创新的科学观点，把人从单纯考虑环境保护的角度引导到环境保护与人类发展相结合，体现了人类在可持续发展思想认识上的重要飞跃。

1992 年 6 月，在巴西里约热内卢举办了联合国环境与发展大会，共有 183 个国家的代表团和 70 个国际组织的代表参与了会议，102 位国家元首或政府首脑在会议上发言。此次会议上，可持续发展得到了世界最广泛和最高级别的政治承诺。会议通过了《里约环境与发展宣言》和《21 世纪议程》两个纲领性文件。前者提出了实现可持续发展的 27 条基本原则，主要目的在于保护地球永恒的活力和整体性，建立一种全新的、公平的"关于国家和公众行为的基本原则"，是开展全球环境与发展领域合作的框架性文件：这为世界各国在 21 世纪人类活动的行为各个方面制定了规则，为了防止人类对环境的迫害，这为保护人类长远发展提供了全球策略，是一项全面可持续发展的全球行动计划。此外，来自不同国家的政府代表签署了《联合国气候变化框架公约》和相关国际公约等国际文件。会议呼吁人类走可持续发展之路，为人类的可持续发展高立了一座重要的里程碑。

（二）可持续发展的发展

可持续发展作为内涵极为丰富的一种全新的发展观念和模式，不同的研究者有不同的理解和认识、其具体的理论和内涵仍处在不断发展的过程中，但其核心是正确处理人与人、人与自然环境之间的关系，以实现人类社会的永续发展。

1. 可持续发展对经济的影响

长期以来，人类在享受工业文明的丰富物质成果的同时，也经历了由此而来的生态灾难和环境危机。人们对自然的无节制的索取和浪费，才导致了资源的枯竭和环境的恶化。人类采取的不可持续生产方式，造成了人与自然环境的关系的不协调，以致出现了资源环境与经济发展的矛盾。解决这一矛盾的根本途径就是改变人类自身的行为方式。

改变不可持续发展的生产方式，就是要解决经济发展与自然环境之间的矛盾。面对矛盾冲突的现实，既不能逃避也不能幻想以矛盾的一方来吃掉另一方，解决矛盾冲突的现实方法是创造一种适合矛盾运动的新模式。在环境与经济、保护与发展的矛盾中，不顾经济一直牺牲经济增长来进行单纯的保护并不难，反之不顾环境并以牺牲环境这样的方式解决矛盾冲突也不难，但唯一可行的是保护已增长的绿色经济形势，是有利于环境、资源的发展，是以保护为基础的发展。可持续发展思想是协作发展观，实质上是对环境与经济、保护与发展的尖锐矛盾基础上的一种妥协、是权衡利弊的解决办法。可持续发展的思想要求既要保护环境又要经济发展，是使矛盾双方在一定区间内权衡与妥协。

既然可持续发展是一种权衡和妥协的战略，那么重要的是在实践中寻找一种双方协调发展的模式，通过这一模式把可持续发展实现为现实的经济。绿色经济就是这样的一种模式，它协调了环境与经济的矛盾，满足可持续发展的目的，所以看绿色经济是可持续发展的基石。

生态概念的可持续发展一词,最初反映在 1980 年的《世界自然保护大纲》中,并由国际自然联盟出版。可持续发展理论要进行优化改善,每个人有关可持续发展发表观点后,提出了不同的观点,但没有提出共同的概念,也没有认识到理论模型。当前,国际上公认的可持续发展的概念是:既满足当代人的需要,又不损害后代人满足自身需要的能力的发展。①。其中"持续"意即"持续下去"或"保持继续提高",对资源与环境而言,则应该理解为使自然资源能够永远为人类所利用,不至于引起过度消耗而影响后代人的生活与生产。"发展"则是一个很广泛的概念,它不仅体现为经济的增长、国民生产总值的提高、人民生活水平的改善,还体现在文学、艺术、科学、技术的昌盛,道德水平的提高,社会秩序的和谐,国民素质的改进等方面,发展既要有量的增长,还要有质的提高。

2. 可持续发展更深一步进展

可持续发展的概念鲜明地表达了两个观点:一是人类要发展,尤其是发展中国家要发展;二是发展要有限度,不能危及后代人的发展能力。这既是对传统发展模式的反思和否定,也是对可持续发展模式的理性设计。

可持续发展以"人与自然的和谐、人与人的和谐"为基本理念,以此理念为据点,去进一步探索人类活动的理性制度、人与自然的共同进化、人类需求的自控能力、发展轨迹的时空耦合、社会约束的自律程度,以及人类活动的整体效益准则和普遍认同的道德规范等,通过平衡、自制、优化、协调、最终达到人与自然之间的协同,以及人与人之间的公正。这项计划的实施是以自然为物质基础,以经济为牵引,以社会为组织力量,以技术为支撑体系,以环境为约束条件。所以,可持续发展不仅仅是单一的生态、社会或经济问题,还是三者相互影响、互相作用的结果。只是一般来说,经济学家往往强调保持和提高人类生活水平,生态学家呼吁人们重视生态系统的适应性及其功能的保持,社会学家则是将他们的注意力更多地集中于社会和文化的多样性。

实施可持续发展战略是一项综合的系统工程,从目前国际社会所做的努力来看,其途径大致有四条:第一,制定可持续发展的指标体系,研究如何将资源和环境纳入国民经济核算体系,使人们能够更加直接地从可持续发展的角度,对包括经济在内的各种活动进行评价;第二,制定条约或宣言,使保护环境和资源的

---

① 世界环境与发展委员会. 我们共同的未来 [M]. 长沙:湖南教育出版社, 2009.

有关措施成为国际社会的共同行为准则，并形成明确的行动计划和纲领；第三，建立健全环境管理系统，促进企业的生产活动和居民的消费活动向减轻环境负荷的方向转变；第四，有关国际组织和开发援助机构都将环境保护和可持续发展能力建设作为提供开发援助的重点。

3. 可持续发展的实施

实现全球的可持续发展，需要各国的全面合作与坚持执行。中国作为全球最大的发展中国家和较多的石油和碳汇消费国，对可持续发展战略和碳达峰、碳中和给予了高度的重视和实践上的实施。在联合国环境与发展大会之后，中国政府坚定地履行了自己的承诺和减排计划，在各种会议、以各种形式表达了中国走可持续发展之路和碳减排的决心和信心，并将可持续发展和生态文明建设战略，与科教兴国战略一并确立为中国的两大基本发展战略，从社会经济发展的综合决策到具体实施过程都融入了可持续发展和碳减排的理念，通过法制建设、行政管理、经济措施、科学研究、环境教育、公众参与等多种途径推进可持续发展进程。我国通过三十年的努力和认真实施碳达峰计划，可持续发展的实践操作有了很大的成效。

（1）经济发展

国民经济平稳和健康的发展，国家综合实力显著增强，人民物质生活水平大幅提高，经济增长方式由低迷向高速度转变，经济结构逐步优化。2018 年，我国进出口总额达到 4.6 万亿美元，成为世界第一贸易大国 2020 年，我国经济在疫情大考下实现 2.3% 的增长，国内生产总值突破 100 万亿元，同时我国吸引外国直接投资 1630 亿美元，跃居世界第一。

（2）社会发展

人口增长速度有所下降，技术和教育水平取得了有效进展，组建社会保障体系、消除贫富差距、预防和减少灾难、提高卫生水平和缩小地区差距这几项活动都进行重大建设。

（3）合理利用生态建设、环境保护和资源

提高生态建设和环境治理成本，让能源消费占比加大，主要江河湖泊水污染需要加强治理，大气污染防治工程有了重大成绩，提高资源利用率，在生态改革方面取得重大进展。

（4）提升可持续发展能力

随着经济全球化的不断发展，国际社会越来越重视可持续发展和共同发展，国际社会行动的速度越来越快。社会主义市场经济体制的安全性和发展程度需要我们更多的注意力，政府在可持续发展策略中有着领导和调和作用，使经济全球化与可持续发展两者能够合作好，在 2002 年的成功举办了可持续发展世界会议，这有利于可持续发展策略的有效实施。促进了我国积极参与可持续发展。通过连续地将生态环境策略进行有效实施，推动了中国环境资源的可持续发展。

4.我国的可持续发展

中国可持续发展战略的指导原则是：以人为中心，以满足人的需求为关键，以经济发展为核心，提高人民生活质量作为根本目标，提升技术和创新制度是重要要求，使社会、人口、资源和环境的整体实力增强。

21 世纪初，中国的整体目标是大大提高可持续发展能力，大型企业需要调整经济结构，有力控制人口的数量，这样会使生态环境得到明显的优化，高效利用资源，使资源得到最低程度的浪费。

国民经济结构从"高消费、高污染、低效率"向"低消费、低污染、高效率"进阶，合理布置产业结构，使它得到更大的现代化，使资源环境在星球上能更好地生存，协调区域发展水平。

提升人口文化素质，将优生学进行内容优化，将社会保障系统进行大强度的完善，让所有人民在社会保障中获得很大的益处；满足人民就业要求；公共服务水平大幅提高，灾害损失大幅减少，防灾减灾能力全面提升。加强职业培训，提高劳动者素质，建立可靠的国家职业培训认证体系。

科学开发和使用资源，不断补充运输资源，形成了资源可持续利用和积累重要资源的体制。大部分地区的环境质量得到明显提升，环境退化、生态功能和生物多样性的趋势已经确立，农田污染状况大幅改善。在 2018 年发布《关于积极推进大规模国土绿化行动的意见》中，明确了国土绿化时间表、路线图。到 2020 年，森林覆盖率达到 23.4%，森林蓄积量达到 165 亿米³，每公顷森林蓄积量达到 95 米³，村庄绿化率达到 30%，草原综合植被覆盖率达到 56%，新增沙化土地治理面积 1000 万公顷；到 2035 年，国土生态安全骨架基本形成，生态服务功能和生态承载能力明显提升，生态状况根本好转；到 2050 年，生态文明全面提升，实现人与自然和谐共生。

制定可靠的可持续发展法律法规体系，继续将信息共享和决策咨询服务体系内容进行补充和完善，提升了政府有力决策和科学组织能力，公众参与可持续发展的水平明显提高，参与可持续发展国际合作的能力明显提高。

"可持续发展"也被称为"持续发展"。1987 年的时候，在挪威首相布伦特兰夫人报告《我们共同的未来》中指出，此报告是她担任主席的联合国世界环境与发展委员会，她认为可持续发展定义是"既满足当代人的需要、又不对后代人满足其需要的能力构成危害的发展"①，这一定义得到了大家的积极认可，几年后，在 1992 年的联合国环境与发展大会上再次得到大家的认可。我国有的学者对这一定义进行完善：可持续发展是"不断提高人群生活质量和环境承载能力的、满足当代人需求又不损害子孙后代满足其需求能力的、满足一个地区或一个国家需求又未损害别的地区或国家人群满足其需求能力的发展"②。有部分人从"三维结构复合系统"角度为出发点，重新定义可持续发展。美国世界观察研究所所长莱斯特 .R. 布朗教授则认为，"持续发展是一种具有经济含义的生态概念，一个完善社会的经济和社会系统的结构，应是自然资源和生命系统能够持续维持的结构。"③

可持续发展的综合国力，是指一个国家在可持续发展理论基础上具有的综合国力。可持续发展的综合国力体现在经济和社会发展、科技创新、政府控制和生态系统状态良好等方面。

对一个国家的可持续发展能力进行检验，首先就要对国家的政治、经济和社会能力进行考察，还需要对经济和社会发展的生态环境整体能力的变化态势进行检验。要想对可持续发展的整体国家权力进行研究，就必须研究可持续发展战略的定义、术语、机制和准则，对可持续发展的整体国家权力中的各部分进行比较，还要分析如何影响国家权力，对整体国家权力的水平进行评判，对各种次级权力进行分析，找出不足，想出新的方法和操作方案，这样做可以增强国家实力，满足国家可持续发展的总体战略要求。

① 世界环境与发展委员会. 我们共同的未来［M］. 长沙：湖南教育出版社，2009.
② 潘鸿，李恩. 生态经济学［M］. 长春：吉林大学出版社，2010.
③ 李苏鸣. 知识经济时代［M］. 北京：军事谊文出版社，1998.

现代资源的不断减少给国家发展带来很大的困扰，生态环境的不断恶化是人类的错误行为的表现，这一切对人类的生存发展有了很大的威胁。这些威胁让我们必须重视科技和经济的社会发展，同样的是我们必须增强在寻求国家力量的任务上的工作力度。在当前形势下，任何国家都不能回避对科学、技术、经济、资源、生态和社会的协调和整合，以提高综合国力。因此，详细研究这些要素在综合国力体系中的功能行为和相互调节机制，从而为国家设计和实施可持续发展战略的决策提供理论支持，显得尤为迫切和重要。

伴着社会知识化、科技信息化和经济全球化的快速发展与大众化，人类社会即将进入综合国力激烈竞争的时期，越来越多的国家使用可持续发展模式。哪个国家在可持续发展层面上发展快，哪个国家便能在国家综合国力的增强进步更大，因为可持续发展理念提供了坚固的基石与有力的保障。可持续发展的重要作用为增强国家综合国力，与此同时提升国家国际地位，同样也可以昭示着人类发展有了重大成就。在如此关键的时期，我们需要认清和掌握什么事物决定着可持续发展综合国力竞争，要明白自身所处的环境、优点和缺点，需要测验新制定好的竞争和发展策略，用来完成可持续发展综合国力的迅速提升的任务。

美国社会学家、世界未来学会主席爱德华·科尼什提出，关于社会变革，1800—1850 年是一个飞速变化的阶段，自 1950 年开始我们这个星球的有了快速的变化，而从 20 世纪 70 年代开始，又开始了新的变化，此变化的效果是空前绝后的。可以说是一个"快速变化时期"。事实上，人类能力的快速发展，尤其是科技方面的快速崛起，使我们对自然的掌控越来越加大：在宏观类别里，人造太空探测器已经逃离太阳系；在微观领域，我们已经深入了解了原子核的工作原理，并将其成果应用于解决能源问题和制造武器。我们相信，如果我们继续以这种方式取得进展，生活将变得更好，未来将更加光明。

5. 可持续发展对人类的影响

自 20 世纪 60 年代和 70 年代以来，人们对所取得的进展产生了很大怀疑，越来越多的人认为近代西方工业文明的发展模式和道路是不可持续的。我们对自己的发展产生怀疑的主要原因是，以前的发展模式导致了一系列的问题和危机，并且威胁了人类的生存。所以迫切需要对过去选择的道路进行重新反省。这不仅与经济有关，同样与价值观、文化和文明方式有着千丝万缕的关系，通过这一方式找到一条可持续发展的道路。

人类目前所面临的危机和挑战主要有以下几个方面：

（1）资源危机

工业文明主要依赖的不可再生的资源，如金属矿石、煤炭、石油、天然气等，已经越来越少。据估计，地球上的（已证实的）自然资源还能持续使用一两个世纪，少说也有几十年。除此之外，水资源的匮乏已经非常严重。地球上97.5%的水是淡水，只有2.5%是直接可用的淡水。并且这些水的分布极其不均匀。大多数发展中国家是缺水的。我国70%以上的城市每天缺水超过1000万吨，约3亿公顷的耕地有着干旱的问题。每年抽取的地下水使水位每年下降2米。

（2）土地淤积越来越严重

因为人类大规模的森林砍伐，使得土地的紧实度不够，致使牧场严重退化，世界上的沙漠和荒漠化已经达到4700多万平方千米，占土地面积的30%，并以每年600万公顷的速度扩大。

（3）环境污染日益严重

环境污染包括空气污染、水污染、噪音污染、颗粒物污染、农药污染和核污染等。工业化层面，为了获取能源，致使煤炭和石油大量燃烧，再加上大量砍伐森林，导致二氧化碳的大量增加，最后形成温室效应，它最严重的结果是出现气候异常的情况，这使得工农业生产和人类生活产生了很大阻力。在过去的100年里，地球的平均温度上升了0.3～0.6℃，海平面上升了10～15厘米。自工业革命以来，二氧化碳的浓度已经上升了28%。科学家预测，如果不采取行动，到2100年地表温度将上升1～3.5℃，海平面将上升15～95厘米。

（4）物种灭绝和森林损失

物种灭绝和森林面积的大量损失有着很大关系，热带雨林被大量砍伐并进行焚烧，每年将减少约4200公顷，按照这个速度，到2030年热带雨林将不复存在。据统计，地球表面原来有67亿公顷的森林，森林覆盖率为60%，到20世纪80年代，森林面积减少到26.4亿公顷。雨林的减小消失导致地球上每天有50～100种生物灭绝，有些我们甚至不知道它们的名字。

我们这个时代的各种不良现状，是工业化进程加快和大量掠夺自资源的结果。西方工业文明之所以发达，是因为它破坏了人类生存的基本条件和所需要的自然资源。人类已经走到了一个十字路口，面临着一个选择：生存还是死亡。在这种背景下，人类选择了可持续发展的道路。

可持续发展战略的内涵是社会可持续发展，这也是它的目标所在，即让人类能长久的生活在这个星球上。人类与环境只有和谐相处才能使达到了可持续发展的目的。自然系统是一个生命系统，如果它不稳定，所有生物（包括人类）都无法长久活下去。实现可持续发展的最重要的是实现自然资源的可持续利用。因此，保护资源成为可持续发展的一个基本要求。这意味着在生产和经济活动中对不可再生资源的开发和使用应受到限制，可再生资源的使用速度应保持在回收率的范围内。经济增长应通过提高资源效率来解决。

（三）可持续发展与伦理学

提出发展的伦理学的原因是现代社会的人类生存发展存在着很多新的问题，这些问题就是现代人类正在遭遇着的各种复杂现状和困境。发展的伦理学本身包含着一些准则和制度，他们的基础是价值和伦理原则，这些准则和制度能够解决一些新的问题。为了解决新的问题，要从这两个方面来进行探究：第一，评价和反思是什么发展路径导致引起这些新的问题出现，深层次探究这些新的问题出现的根源；第二，运用一些新的原则制度来为新的发展模式（可持续发展模式）提供动力，这些新的发展模式都是发展伦理学所要研究的范畴。形成一个成熟的、长时间的合理的发展形势，自我评价、自我控制、自我反省和自我调节的制度。现代西方工业文明的发展方式只有动态的发展方式，缺乏自制力和反省的方式，使得发展伦理的关键内容就是"发展的终极目标（价值）"。

现代工业文明发展有两个任务：其一，拥有更多的的物质资料，并且进行随心所欲的消费；其二，在科学发展到一定程度后，人的自然器官可以进行休息。例如，汽车代替脚，机器代替人的劳动，药品代替身体的抗病能力，等等。我们继续问：这种发展值得吗？"终极价值"的问题终于出现了，它同样是我们的核心发展问题，它出现的原因是使用老旧的发展观和发展模式。

如果我们提出发展的终极价值问题，我们就会发现，人类面临的各种危机实质上是传统发展模式的意义（价值）危机。我们不得不思考这样一个问题：这种发展对人类的健康生存和可持续发展是否有价值？分析表明，人类的健康生存和可持续发展是发展伦理的最终标尺。它包括以下主要论点：

第一，"全人类利益高于一切"。现代科学技术和市场经济的发展，大大减小了人与人之间的实际空间距离。地球在某种意义上成为一个村庄（地球村）。全人类此时都在一条船上在大海里奋勇前行，每个人的错误行为都深刻影响着人类的生存。所以，发展伦理学需要个人利益、民族利益、国家利益这些所谓的私人的利益要符合人类利益。应当把人类的生存利益为目的和原则，对自己的不合适的欲望进行减小。

第二，"生存利益至上"。自然生态系统是人类生命的支撑系统，能否保持自然生态系统的稳定平衡，关系到人类能否持续生存的问题。因此，维持生态系统的稳定和平衡是所有人类行为的最高和绝对的限制。人类在改造自然方面的活动应限制在能够维持生态环境稳定平衡的范围内。对可再生生物资源的开发应限于生物资源的自我繁殖和自我生长的速度；生产活动对环境的污染也应限于生态系统的自我维持能力。

第三，可持续性原则。"满足当代人的需要，不能侵犯后代人的生存和发展权利"，这是人类生存和发展的可持续性原则。我们的地球不仅属于今天的人，也属于未来的人。我们不仅不能侵犯现代人的权利，也不能侵犯后代的权利。

以上三个命题，是伦理学三个基本价值原则和伦理原则，它们对伦理关系的发展起着关键作用。可以举几个例子做阐述说明：

第一，当代社会发展面临的重要问题是如何处理公平与效率的关系。让一部分人先富起来的方法就是与发展伦理理念相关。首先，我们必须打破平均主义的分配原则，只有如此，才能提高生产效率。所以，分配上的差距存在并不等于不公平。公平不等于"利益均等"。但是，这种差距不能无限增加。差距确定在一定范围内是公平的。但是，如果差距超过一定限度，大部分人都没有从发展中获得好处，公平最后会变为不公平。因此，走共同富裕之路才是我们的目标，是我们最终的价值选择。

第二，要想发展必须付出代价，在过程中也会涉及伦理问题。想要实现整体利益、全人类利益和后代人的利益发展，部分的、短暂地付出牺牲，这样满足了可持续发展的伦理理念。但是，为了部分的、近期的利益而损害人类整体的生存利益、牺牲后代人的生存利益，这样完全是打破了伦理原则。

第三，可持续性发展的伦理原则体现在多个方面，其中包括了发达国家和发展中国家的关系问题。在 1991 年 6 月的发布的《北京宣言》中表示："发达国家对全球环境的恶化负主要责任。工业革命以来，发达国家以不能长久的生产和消费方式过度损耗世界的宝贵的自然资源、对全球环境造成很大程度的伤害尤其是不够富裕的发展中国家受害更为严重。"[①] 因此，他们有责任和义务帮助发展中国家远离贫困和保护生态系统。此外，发达国家和发展中国家交往时，也应按照双方平等、公平和正义的伦理原则处理问题。这同样是发展伦理学的范畴。发展伦理学的公平、平等和正义原则是形成正确的国际政治、经济新秩序的根据。

第四，随意使用不可再生的稀有资源很显然是不道德的，无论这些稀有资源归谁所有。这一原则是发展伦理学的重要内容。是否合理使用这些不可再生的稀有资源将直接影响到全人类的和子孙后代的生死存亡，因此，我们应当不再遵守以前的所有权原则，不能因为在我国国土上就随便浪费自然资源，也不能想当然认为这些财产是我们的就可以任意使用。我们每个人使用的自然资源越多，我们身后的身后的后代的可使用的资源就越少。以这种观念为基本原则，那么，道德的最高标准就是节约使用自然资源。

二、可持续发展的基本原理

（一）可持续发展基础理论研究

1. 关于可持续发展的形态与特征认识

可持续发展是既能满足当代人的需要，又不对后代人满足其需求的能力构成危害的发展。它们是一个紧紧联系的整体，不仅要推动经济的发展，而且也要保护好大气、淡水、海洋、土地和森林等自然资源和生态环境，这些都是人类生存所必需的资源，这些能够使我们的子孙后代持续健康的发展和快乐工作与生活。可持续发展与环境保护既有共同点，又有明显的不同。可持续发展内容上包含着

---

① 胡雁. 基于大数据技术的环境可持续发展保护研究［M］. 昆明：云南科学技术出版社，2020.

环境保护。可持续发展的内核是发展，但在严格控制人口数量、提高人口素质和保护环境、资源永续利用的条件下进行环保健康的发展。可持续发展的前提是发展；可持续发展的关键点是人；可以维持长时间的健康的发展才是真正的可持续发展。可持续发展包含着自然、环境、社会、经济、科技和政治等层面，因此侧重的方向不同，可持续发展的内容也就不同。各个层面概括起来总共有四方面：一是侧重于自然方面，二是侧重于社会方面，三是侧重于经济方面，四是侧重于科技方面。总体的定义是：所谓可持续发展，就是既要考虑当前发展的需要，又要考虑未来发展的需要，不要以牺牲后代人的利益为代价来满足当代人的利益。

可持续发展的内涵和策略有着以下重要含义：慢慢地走向国家和国际平等；要有一种互帮互助的国际经济环境；保护、合理使用并提高自然资源的使用率；在发展规划和策略的内容中着重加上环境保护的层面。

可持续发展的第一种理论有着三个方面含义：第一，人类与自然协同发展的思想；第二，世代相传的伦理思想；第三，效率与共同目标的完美匹配。这些思想与可持续发展的目标即恢复经济增长速度，改善增长质量水平，满足人类基本需求，保持稳定的人口水平，保护和增强基础资源，提升技术发展的水平，维持经济与生态的良好关系。

可持续发展的第二种理论有着生态持续、经济持续和社会持续这三种观点，它们之间有着紧密的联系互相作用。一般来说，可持续发展的最终目标是提高经济发展水平；它的任务是保护自然，自然资源环境的承受能力是他们的参照物；改善和提高生活水平是他们的基础目标，并且与社会进步的节奏相适应，并坚持发展增加人类的财富，这样做生活水平和人类的情绪体验的水平会有着很大提高。

可持续发展的第三种理论认为可持续发展就是经济可持续的发展，是在不伤害自然环境的前提下，使经济稳定发展，这样做同样使经济社会全面发展，在发展的时候要记得质量的增强，增强综合国家实力和生态环境的可承受能力，能力的提升确保了日益增长的物质文化满足人们的需要，是后代形成可持续发展的条件的经济发展全过程。

可持续发展的第四种理论认为可持续发展的经济概念是指在保护地球生态系统的前提下，经济发展稳速。在使用自然资源时，要使自然资源能够持续发展，以满足后代发展的需求。

可持续发展的第五种理论表示古代的可持续发展的内涵有着不确定性，是一种无损失的经济发展。按这种说法可持续的概念为：以政府为主体，建立出人类经济发展与自然环境相协调的发展和政策机制，鼓励并且限制现代人行为，降低经济发展所需的成本，使代内公平与代际公平同时达到，满足最大程度降低经济发展成本的要求。这样做不仅满足现代人发展的需要，而且不会损害后代人发展所需要的资源；不仅达到了一个国家或地区想要的发展目标，而且不会损害其他国家和地区的发展行为。

可持续发展的第六种理论认为，可持续发展是经济可持续性和生态可持续性的结合。此理论认为可持续发展是为了找到最优的生态系统，以实现生态系统的完整性和人类的愿望，从而使人类的生存环境得以保留延续。

2. 可持续发展要素

可持续发展包括两个基本要素或两个主要部分：限制需求和在一定程度上满足需求。满足需求主要是指满足穷人的基本需求。限制需求主要是指能够威胁到未来的环境需求，超过这个范围，未来的资源将不够其生存发展。保护地球的生命的自然系统，如大气、水体、土壤和生物体，途中会不可避免地受到其余因素的威胁。决定这两个要素的原因是：重新分配收入，以确保不必为短期生存需要而耗尽自然资源；特别是减少穷人对自然灾害和农产品价格下跌等造成的损害的脆弱性；确保最基本的可持续生存的基本条件，如健康、教育、水和新鲜空气；保护和满足社会中最脆弱成员的基本需要；确保所有人，特别是生活在贫困中的人，有平等的发展机会和选择自由。

（二）可持续发展的理论体系

1. 可持续发展的管理体系

实现可持续发展需要有用的管理系统。历史和现实的发展显示了，环境概念与发展概念产生很多矛盾，是因为策划和管理产生了很多错误。因此，提高可持续发展能力就要做到提高决策与管理能力。可持续发展管理系统的人员构成是高水平的决策与管理人员，他们通过规划、法制、行政和经济等方式，建成和优化可持续发展的部门结构，建成综合决策与协同管理的制度。

2. 可持续发展的法制体系

可持续发展立法是将可持续发展战略合法化，从而进行实际操作的一种方式，要想使可持续发展战略实践，就必须进行可持续发展立法。因此，可持续发展能力建设的关键内容就是成立可持续发展法律体系。可持续发展的进行需要规范法律制度的实行，这样做可以合理利用自然资源，环境破坏和污染的程度会降低，实现经济、社会和生态的可持续发展的要求。

3. 可持续发展的科技体系

科学和技术是可持续发展最重要的基础部分。如果没有高水平的科学技术的参与，可持续发展目标就无法实现。科学和技术在可持续发展中有着巨大的作用。它可以为可持续发展计划提供资料和途径，可持续发展管理水平因此而提高，这样会让人们对大自然越来越重视，理解大自然存在的意义。增加可以利用的自然资源，提高资源利用效率和增加相关经济收益，这样会加强生态环境的保护和大幅度解决环境污染问题。

4. 可持续发展的教育体系

可持续发展要求我们有丰富的文化知识，人类活动对自然和社会有长期的影响，这就要求人类有道德责任感，并且对我们未来的子孙后代负有责任。可持续发展教育体系包含着相关的科学知识，这会促进人类对可持续发展体系的认识。同样会提高他们的可持续发展道德水平。这种类型的教育既包括初等教育体系，也包括广泛而详细的社会教育。

第二节　可持续设计的诞生与面临的挑战

一、可持续设计的诞生

可持续设计的概念诞生于 20 世纪 60 年代。在那个时候，惠普（Packard，1963）、帕帕奈克（Papanek，1971）、彭西培（Bonsiepe，1973）和舒马赫（Schumacher，1973）就已经开始批评现代的、不可持续的发展模式，并且建议作出改变。

可持续设计第二次大规模发展的浪潮，出现在 20 世纪 80 年代晚期到 90 年代早期，并恰巧与绿色革命同时发生。这一时期，诸如曼齐尼（Manzini，1990）、伯劳尔（Burall，1991）、麦肯尼茨（Mackenzie，1991）和莱恩（Ryan，1993）

这样的作家开始号召设计进行激进的变革。这股浪潮在 20 世纪 90 年代末期持续升温，并将可持续设计的理念在 21 世纪初广泛地传播开来。尽管设计师们长期以来都有着用自己的作品改善环境，以及社会影响的动机和兴趣，但是由于工业界当时的大环境不理想，使得他们缺乏机遇。在 20 世纪 90 年代初期，只有诸如飞利浦（Philips）、伊莱克斯（Electrolux）、国际商业机器股份有限公司（IBM）、施乐（Xerox）这类的电子电气公司，才开始推动工业设计师们在该领域的工作成果。虽然，大型工业界已经逐渐开始致力于将环境和社会问题，纳入产品开发过程中进行考量，但在商业设计界，这种顾全大局的思想却寥寥无几。

为可持续发展及其相关问题进行设计，在当今的设计规划（design brief）中鲜有提及。因此，通常对设计师来说，很少有机会借自己的专业能力参与从环境角度以及社会角度都能够负起责任的设计项目。本书致力于改善这种现状，希望能通过这本书鼓励人们用更多样化的方式为可持续而设计。

在过去，"以身作则地为环境和社会进行设计"在设计学科的教学和训练过程中并没有特别地被鼓励过。但现如今，这一情况已经有所改变。举例来说，在英国，由慈善组织"实际行动"（Practical Action）开发和运营的，如"STEP 奖"和"可持续设计大奖"（Sustainable Design Awards）这样的项目，就是为了分别鼓励在英国全国统一课程（National Curriculum）中关键的三阶和四阶（11～16 岁），以及达到 A 级（A-levels）的年轻设计师，对可持续设计的意识和知觉而设立的。相似的项目还有 DEMI，可持续设计中心（Centre for Sustainable Design）的开拓性工作，金史密斯学院（Goldsmiths College），拉夫堡大学以及"可持续设计工具箱"（Toolbox for Sustainable Design）的设立。

如今，针对可持续设计的研究都已经稳固确立起来，虽然它还是个相对比较新鲜的领域。大多数的发达国家，现在都开始以各种形式在可持续设计领域积极推行相关研究，涉及的问题包括立法的执行、生态创新、企业社会责任、产品服务体系、生态再设计、用户行为影响、可拆卸设计、逆向制造等。

二、可持续设计面临的挑战

对于设计师们来说，所面临的挑战有一部分是要理解这项议程到底会涉及多么广泛的领域。另外，还要认识到在可持续设计的前提下，有哪些问题是可以解决的。在设计界，普遍存在着对可持续设计的相关问题缺乏认识的情况。设计师们需要自行去理解甚至需要通过和他们的同事进行沟通，来弄明白可持续设计不只是制造可以被回收和再利用的产品，或是使用回收再利用的资源制造产品那么简单。

可持续设计为设计领域提供了一个新鲜而广阔的环境。有学者提出一种新版本的设计概念的时候，对此进行了如下概述：

责任——依据需求重新定义目标，关注社会、生态的公平与公正。

协同——建立积极的协同机制，从各种不同元素入手，促进系统的改变。

背景——重新评估设计公约与概念之于社会变革的意义。

整体——从产品整个生命周期的角度进行分析，以确保设计成果确实是低冲击、低成本、多功能的。

授权——以适当的方式促进人类潜能的发展和自给自足的能力以及对生态问题的理解。

恢复——对文明社会和自然世界进行整合，培养兴趣和好奇心。

生态效益——主动地把宗旨定位在增加能源、材料以及成本的经济性上面。

创意——代表一种新范式，它可以超越学科思想的传统界限，到达一个"新境界"。

远见——专注于愿景和成果，并设想适当的方法、工具、流程来传达它们。

还有学者提出，事后看来，其实工业革命的设计规划可以被换个说法重新表述一下，当时的我们其实是要设计出一个这样的设计体系：

数十亿磅的有毒材料被排放到空气、水和土壤当中。

衡量繁荣的标准是设计体系的活性，而非它是否符合传统。

需要上千条复杂的规定，来防止人们以及自然界过快地被毒害。

制造很多危险材料，以至于需要后世人时刻保持警惕。

产生数不胜数的垃圾。

在我们这颗星球上，很多珍贵的原材料被放进世界各地的洞里，而且永远不可能被回收。

侵蚀生物物种和文化习俗的多样性。

第三节　可持续设计与制造基础

一、产品生命周期

（一）产品生命周期模型

关于产品生命周期没有一个明确的定义，它一般包括了产品从加工到报废的过程，即从出生到死亡的过程。不同的研究人员从各自的研究领域和研究视角，提出了不同的产品生命周期模型。如图 4-3-1、图 4-3-2 和图 4-3-3 所示，分别给出了五阶段模型、六阶段模型和四阶段模型。

图 4-3-1　产品生命周期五阶段模型

图 4-3-2　产品生命周期六阶段模型

图 4-3-3　产品生命周期四阶段模型

五步模型是加工和制造业的核心。该模型侧重于加工和制造业，将研发作为人生的重要一步，强调了设计的重要性，将运输视为一个独立的步骤，以及回收利用也得到了一定的重视和地位。该模板重点介绍了回收利用的四个步骤。事实上，它们都是产品生命周期的重要组成部分，具有不同的侧重点。其他终身基本产品模式也类似。

该系统由三个要素组成：内容、能量和信息，从系统论的观点来看，这些模型都是从物质流角度定义的，没有明确表示出能量流和信息流，更没有表示出掌握和使用三个要素的群体和人员。该组织包括政府、组织、企业和机构，以及决策者、管理者、设计师、消费者和回收人员。

（二）产品环境影响的一般模型

下面，通过一个产品环境影响的一般模型，以一个典型的复杂工业产品——汽车为例来分析产品生命周期对环境的影响和破坏，如图4-3-4。

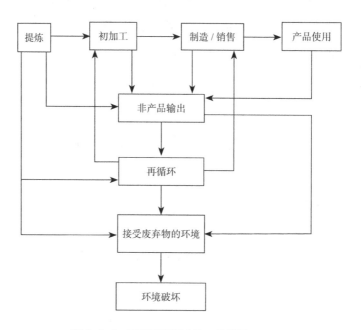

图 4-3-4　产品环境影响的一般模型

提炼：汽车使用的原材料很多，如金属、塑料和橡胶等，这些材料要从矿石、石油中提炼出来。

初加工：把原材料按产品性能要求制造成能直接加工和应用的材料，如，镀锌板和棒料。

制造：零件和部件的加工和总成。

产品使用：汽车的使用和报废。

非产品输出：不是期望的结果，如提炼时的排放和矿渣，初加工时的排放和废料，产品使用中的排放和报废的汽车。一辆自重 0.76 吨的轿车在生产中的消耗和排放，如表 4-3-1 所示。

表 4-3-1　轿车生产中的消耗和排放

原材料	能耗量	固体废弃物量	废弃排放量	水体排放污染物量
2.2 吨	标准煤，7 吨	6 吨	10，9 吨	8，6 吨

再循环：用技术手段把非产品输出和提炼残留物进行再利用。可再循环利用的一部分作为初始材料的原料，如金属、塑料的熔炼；另一部分采用技术手段如再制造工程技术重新制造成零件或产品。不可循环部分直接排放或倾倒于环境中。

接受废弃物的环境：环境要接受来自提炼、初加工、制造和使用，以及再循环时产生的各种排放和废弃物。

环境破坏：环境具有一定的自清洁能力和调节能力，但是当它所接纳的废弃物超过某一阈值时，环境就会恶化，遭到破坏。

我国汽车在城市行驶的平均速度是 20～30 千米 / 时，发达国家是 50～60 千米 / 时，而低速行驶时的能耗最大，尾气排放最多。汽车是城市最直接、最难解决的污染源，每个人都在遭受汽车尾气和噪声对健康的损害。

二、绿色产品

（一）绿色产品和绿色标志

1. 绿色产品

绿色产品也称为环境协调产品、环境友好产品、生态友好产品。我们认为绿色产品应该包括以下特性：

（1）危害方面

对人和生态系统的危害最小化，时间跨度上是产品的生命周期。其中的人包括现代人和后代人，现代人不仅包含产品的消费者或使用者，而且包含产品的制造者或劳动者。

（2）资源方面

产品的材料含量最小化，材料含量指构成产品的各种原材料、制造过程中的辅助材料用量、运输和包装材料。还有能量含量最小化，即产品的生命周期中的能量消耗最少。

（3）回收方面

产品的回收率高，这依赖于回收体系和回收网络的建立和运作，以及消费者的绿色消费理念和行动。

（4）再利用和处置方面

零部件的再制造利用率高，材料能进行的逐级循环率高。

（5）市场方面

用户或消费者能接受的并能够实现交换的产品。

综合以上的特性，绿色产品可以定义为：绿色产品是在产品生命周期中，满足绿色特性中的一个特性或几个特性，并满足市场需要的产品。绿色特性包括对人和生态环境危害小、资源和材料利用率高、回收和再利用率高。还要注意的是绿色产品具有时空上的相对性。在时间上，新产品比旧产品的绿色特性优越，就可以称为绿色产品，10 年前的绿色产品在现在可能就不是了。同样，目前的绿色产品在若干时间后可能就不是绿色产品了。在空间上，中国的绿色产品不一定是欧美的绿色产品。那么，绿色产品如何确定和认证呢？这里就要涉及绿色标志了。

2. 绿色标志

绿色标志或称生态标志，是指印在或贴在产品或其包装上的特定图形或标志，以表明该产品的生产、使用及处理全过程符合环境保护要求，不危害环境或危害程度极小，有利于资源的再生回收利用，且对人的健康无危害或危害很小。环境标志是按照严格的程序、评定方法和标准，由政府部门或专门的第三方认证机构发放的。ISO14020、ISO14021、ISO14024、ISO14025、ISO14026（ISO14020 至 ISO14029 是 ISO 留给制定环境方面国际标准的标准号）是环境标志实施的国际标准，消费者可以放心购买和使用具有绿色标志的产品。在发达国家，50% 以上的消费者会自觉选择绿色产品，因此绿色标志备受公众欢迎。环境标志制度的确立和实施，激励并促进企业规划、产品结构和制造工艺的改进，超越了以往的末端治理、粗放经营模式，强调产品在生命周期的无害化或低害化。1978 年，德国率先使用"蓝天使"环保认证标志。现在已有 30 多个发达国家、20 多个发展中国家和地区推出绿色标志制度。取得了绿色环境标志，也就取得了通向国际市场的通行证。我国从 1993 年开始实施绿色标志即中国环境标志。"中国环境标志"的中心是青山、绿水、太阳，表示人类赖以生存的环境，外围的 10 个环，表示公众共同参与保护环境，因此"中国环境标志"简称为"十环"标志。

（二）绿色基准产品

在分析和评价产品的环境影响时，所得到的数据常常是绝对的数值，如某产品使用中的二氧化碳排放量是 1 吨。从前面的分析可知绿色产品具有时空上的相对性，如果没有比较的对象就不能确定产品的绿色程度，以及其他相关的指标，因此，要设定比较的基准。评价产品绿色度时的对照产品或绿色属性，称为基准产品或参照产品。它可以是现有的产品，也可以是绿色产品属性的综合。

1. 实体基准产品

一般把目前市场上现有的、具有相同基本功能的产品作为评价和比较的依据。由于同类产品中各个具体产品的环境影响各不相同，因此常常把市场上同类产品的一个典型产品作为实体基准产品。基准产品的确定主要依赖于市场分析，包括品牌的知名度、美誉度、市场占有率，以及企业的环保形象和实施绿色设计与制造的情况等，这样的比较更加具有说服力和可信度。实体基准产品可以是本公司的产品，也可以是其他公司的产品。

2. 虚拟基准产品

绿色基准产品也可以是一个或多个产品属性的集合体，是一种抽象的、标准的绿色产品，称为虚拟基准产品。虚拟基准产品不仅符合环境标准和各项环境规范，而且满足产品的国际或国家标准、行业标准和技术规范。显然，虚拟基准产品要比实体基准产品更能反映产品的绿色度。但是，虚拟基准产品指标的确定，常常离不开对实体基准产品的分析。虚拟基准产品的作用是提供一个评价新产品的能源、资源、环保、健康、经济性，以及产品功能和性能等指标的参照系。

三、可持续设计与制造

（一）可持续设计与传统设计

可持续产品设计是在传统设计的基础上，利用整理归纳环境信息和可持续发展思想，建成可持续产品设计工具体系来实现的。那么，它和传统设计有什么区别呢？

传统的设计体系只考虑产品的基本属性，主要是为了满足产品的功能和工艺要求，主要根据产品性能、质量要求和成本要求进行设计。设计人员的环保意识较低，他们认为废物可以回收、处理、处置，并且有很大的影响力，对于大量的有害物质来说，回收和降解是不必要的，会造成严重的环境污染，影响人类生活质量和生态环境，严重浪费资源和能源。

可持续设计体系起源于传统设计，但又高于传统设计。它首先考虑产品在整个使用寿命内的环境特征，以及其后的基本特征，包括从概念设计到生产、制造、使用，甚至回收、再利用和处置后的整个使用寿命过程。它建议使用尽可能少的材料，并使用可再生的原材料；以及降低产品生产过程中的能源消耗，尽力避免环境污染；设计的产品易于处理、回收和重复使用，并且操作方便、安全、使用寿命长。它强调在产品开发阶段从终身角度进行系统分析和测评，消除对环境的潜在负面影响，将"3R"（减少、重复使用、循环）直接引入产品开发阶段。

可持续设计是指一种系统的设计方法，在此过程中会使用与产品生命周期中的产品相关的不同类型的信息（技术信息、协调的环境信息、经济信息），以及不同的高度设计，如同时设计，与高科技设计相比较，可持续设计有着更丰富的可持续设计理念，主要体现在以下两个方面：

第一方面，可持续的设计和制造，延长了产品的使用寿命，具体体现为从原材料制备到产品废料后的回收和再利用。寿命过程应包括从地球环境（土壤、空气和海洋）中提取材料，将其加工成产品，并交付给消费者使用；废物处理或处置后，通过处置、回收和再循环、再利用资源的整个过程。在产品的使用寿命内，该设计不断地从外部世界获取能量和资源，释放出不同的废物。

第二方面，它利用系统的观点，在真正的绿色产品的设计活动中优化环境、安全、能源和资源等。因为可持续的设计和制造，将产品生命周期的各个阶段视为一个有机的整体，从产品的整个生命本质开始，并行技术的原理被应用于产品的概念设计和详细设计过程中，并且考虑到与环境和劳工保护有关的问题。因此，它帮助了在产品生命周期中实现"预防为主，控制为主"的可持续设计和制造战略，以及保护环境、保护工人以及资源和能源使用的基本目标。

（二）可持续设计与制造的相关概述

1. 可持续设计与制造的定义

可持续设计（sustainable design），又称绿色设计（green design）、生态设计（ecological design）、低碳设计（low-carbon design），现在，国内外对可持续设计和制造（如环境设计）没有统一和公认的概念。例如，设计关注产品在其整个生命周期内的环境属性（如退役、回收、维护、再利用等），并将其作为性能、寿命、质量等的目标，使得产品符合环境要求。

高水平的绿色制造模型系统地考虑了产品、制造和活动的开发，还有对环境的影响，同时满足产品的性能、质量和成本要求。它将产品在使用寿命内对环境的负面影响降至最低，并最大限度地利用资源。

美国技术评估部门将绿色设计设定了两个目标：降低污染和优化材料使用。

各种研究人员从他们自己的研究领域和他们自己的领导者那里定义了绿色设计，这表明绿色设计和制造有许多特点。我们的定义是，可持续设计和生产是一种技术和组织活动，通过合理使用自然资源，以最小的环境破坏，使各方的利益或价值最大化。有关的不同定义如下：

技术包含设计技术、制造技术、产品技术原理、回收利用技术、信息技术和废物处理技术。这包括国家组织、政府部门和民间社会，不同的法规、技术管理、质量管理和环境管理体系，以及不同相关的标准和概念。高效的组织是合理利用资源的一个重要方面，这对促进经济增长和资源消耗的分离具有重要意义。

资源包括能量流、物质流、信息流、人才，以及不同的知识、技能和时间。

环境危害是指对自然环境的破坏，还有对后代、消费者和工人潜在的健康危害。

各方包括全球环境、国家、地区环境、企业或公司、消费者和工人。

利益或价值的内涵是成本收益和社会收益，例如，公司的形象，特别是满足消费者的需要。当绿色产品和服务满足消费者的需要时，才是真正的价值交换。此外，消费者所需的产品和服务是基本解决方案，因此应为特定客户指定绿色产品；应该发展新的消费者模式，如消费者只有产品使用权，而不是产品所有权。

2. 可持续设计与制造的特性

可持续设计与制造有三个方面的特性：系统性、动态性、层次性。

（1）系统性

具有系统特征的、系统概念的可持续设计和生产，应从时间和特征的系统角度进行定义、分析和评估。可持续性设计和制造商领域包括各种基本要素，如绿色材料、清洁生产、绿色包装、绿色市场、回收和销毁。产品的绿色阶段不是简单地替代不同的组件，而是具有一定结构特征和规律的系统的整体绿色性能，形成不同元素的链接和相互作用。因此，可持续设计和制造会摒弃对一个绿色特征的最佳利用，整个产品系统的绿色阶段时实现"满意度"，以及追踪某些最佳的本地解决方案。

（2）动态性

可持续设计和制造在时间和空间上都在一直进行着动态变化。技术的进步和发展，以及社会观念的变动，使得可持续设计的理论和技术不断发展，绿色产品的评价体系也有了很大的改动。发达国家和不发达国家在解决发展和环境问题方面，有不同的战略和技术途径，也有不同的环境标准。各国应根据经济、社会、技术和资源条件制定策略和技术方法，以加速经济增长，减轻对环境的破坏。

（3）层次性

可持续设计和制造实施实体是同一个主体，但是主题从三个层面进行说明，即国家政府、企业和消费者。

国家根据国情和实际情况制定发展战略，并从不同角度提出协同进步的战略和计划，如《中国环境发展报告》和《中国二十一世纪议程》。1996 年，在《中华人民共和国国民经济和社会发展"九五"计划和二〇一〇年远景目标纲要》中，首次把可持续发展战略列为国民经济和社会发展重大战略措施，这标志着我国决心摒弃传统发展战略，走可持续发展之路。2003 年，提出"坚持以经济建设为中心，坚持以人为本，树立全面、协调、可持续的发展观，统筹城乡发展，统筹区域发展，统筹经济社会发展，统筹人与自然和谐发展，统筹国内发展和对外开放，坚持走新型工业化道路，大力实施科教兴国战略，可持续发展战略和人才强国战略。"[①] 各级政府部门将制定相应的法律和规范，实施相应的扶持和鼓励政策，以及提供资金支持示范行业和企业等。

---

① 张云飞. 科学发展观与全面小康［M］. 北京：社会科学文献出版社，2005.

可持续发展计划和优先实施计划基于自身技术和财务状况、国家法规和标准、产品线和市场状况的企业。第一，为企业建立绿色文化，塑造综合生态管理和经济理念，塑造循环经济的运作方式。第二，加强企业可持续设计和制造技术的研发。如可持续设计技术、清洁生产技术、包装技术、制造技术和回收技术。企业应形成重复的经济的绿色企业体系，如形成产品生命周期的绿色物流系统，进行绿色营销战略，利用自身的绿色形象增加产品在国内外市场环境中的竞争力和影响力。

可持续设计与制造技术的目的是生产绿色产品，而产品的成功要求不但要设计、制造得好，更离不开市场和消费者消费水平的提高，离不开消费者的绿色生活方式。建立可持续发展的绿色文明理念和行为准则，自觉地采取对环境友好和对社会负责的健康生活方式可称为绿色生活方式。要先在理念和行为准则上，明白地球资源的有限性，并且对后代人的消费资源负责，现代人的生活和消费方式不要消耗后代人生存的资源。自觉关心环境状况，遵守环境保护法律、法规，把个人环保行为视为个人文明修养的组成部分。在行动上，积极主动地采取对环境友好、对社会负责任的生活方式。例如，学习、宣传和支持可持续发展。绿色消费是绿色生活的重要组成部分和内容，作为产品或服务的消费终端，在承担绿色生活责任和义务的同时，每个人的手中还握有一种神圣的绿色消费的权利。在日常生活中，购买和使用具有绿色标志的家用电器和绿色食品；提倡节能型建筑、绿色家居；尽量使用公共交通工具、自行车或步行；使用无铅汽油，购买小排气量的轿车；通过自身的绿色生活行动影响和感染周围相关人的生活和消费行为。我们知道一些农药、化肥的使用，会使农产品有害残留物超标，危害人体健康。这里，人体的健康不仅是指消费者的健康，而且包括生产者或劳动者的健康，长期使用农药，使农民及其家庭的健康受到影响和威胁。还有农药、化肥等所造成的地力下降、水源污染等生态破坏，所以选择绿色食品不仅仅是保护自己的健康，也是保护劳动者的健康和生态环境。购买绿色产品的人越多，有危害或潜在危险的产品就越没有市场，最终用市场这只看不见的手把所有的产品都变成绿色产品。

3. 可持续设计的术语和概念

国内外与可持续设计相关的概念和提法很多，下面从三个方面来讨论这个问题：

（1）以某一个与可持续设计相关的属性为目标的概念

面向环境设计：面向环境设计（EDF）将环境要求融入传统设计过程。这里的设计包括产品的整个制造过程，它包含产品计划、定义设计、细节设计、工艺规划和制造。虽然设计只是产品实现过程中的一个阶段，但是常常用"产品设计"这个词来代指整个产品实现过程。面向环境的设计与环境友好设计、环境意识设计是一个含义。

处置设计：处置设计（DFD）是一种使用模块设计、减少材料类型、减少损坏工作量并促进产品或组件或材料重复使用的设计方法。

设计用于回收：设计用于回收（DFR）包括产品的回收和再利用、材料的回收率和使用价值，以及回收过程和技术。

回收设计：回收设计（DFR）是一种设计方法，在设计过程中评估回收部件的可行性，并通过结构设计、材料选择、材料编码和回收工程技术等设计技术实现产品或部件的回收。

节能设计：节能设计（EFSF）旨在节约能源，减少产品的使用，减少默认能源使用，如家用、计算机和服务器设备。

（2）基于产品寿命定义的概念

生命周期是指产品从材料的转移和加工，到制造、使用和最终处置，以及与生命周期的某一阶段相对应的所有活动的生命过程。在生命的尽头，一个术语经常被用来澄清研究的重点和主题。

生命周期评估（LCA）：生命周期评估是一种评估产品生命周期各个阶段，对环境影响的评估方法。

生命周期开发（LCI）：定量分析是对生命周期中的资源和能源消耗、环境排放，以及相关产品、过程和活动的控制分析。库存的主要分析是建立一个代表功能产品单位的投入和产出清单。进入分析是生命周期评估的基础和主要主题。

生命周期工程（LCE）：生命周期工程包括产品的整个生命周期，从原材料到材料加工、制造、使用和处置。在一定程度上，CEF 和 EDF 可以有相同的概念，但 CEF 的目标可能不同，例如，低成本、长期使用和减少资源消耗。产品的生命周期被认为对环境有重要影响，必须由 EDF 和 CEF 共同解决。

生命周期设计（LCD）：LCD 是一种设计方法，用于评估产品生命的不同阶段，分析一系列环境影响，并从企业内部和外部来源收集与产品有关的所有信息。产品的寿命不仅包括产品实体，如原材料的使用、能量的使用、最终产品的材料、废物的产生，加工过程、工厂、设备和辅助活动，包装、运输、存储设施。LCD 的目标可以概括为减小环境的影响和可持续的解决方案。很多学者认为 LCD 和 DFE 是可以互换的概念。DFE 也可以被看作是 LCD 的诸多目标之一。

"生态设计（ecological design）"术语常常在欧洲使用，它意味着环境友好的设计，并把 DFE 和 LCD 结合起来。"可持续设计"这个词主要在美国使用。在我国经常使用的是绿色设计、绿色制造、绿色设计与制造、生态设计。

（3）其他概念

清洁生产（cleaner production，CP）：清洁生产是指能够满足人类、自然资源，以及合理使用能源和保护环境，需求的生产方法和措施。它是人类生产活动规划和管理的基础，可以减少材料和能源的消耗，减少资源和无害废物，或在生产过程中进行处理。

链管理（Chain Management，CM）：链管理方法以生产企业为核心，把上游的供应商和下游的企业及用户，作为一个链来管理，即通过链中不同企业的制造、装配、分销、零售等过程将原材料转换成产品和商品，到用户的使用，最后再到回收商和再利用企业的转换过程。强调的是跨越产品生命周期的整体管理，并从这一角度来进行优化。

第五章 现代产品可持续设计的要点与实践

本章为现代产品可持续设计的要点与实践，主要介绍了四个方面的内容，分别是产品可持续设计中的材料选择、产品可持续设计中的包装设计、产品可持续设计中的再循环设计、产品可持续设计的实践与案例。

第一节 产品可持续设计中的材料选择

一、绿色材料选择原则

所谓绿色材料（green material），也称为生态材料（ecological material）、环境友好材料（environmentally friendly material）或环境意识材料（environmentally conscious material），是一种对环境有很好的兼容性，同时又能满足功能性需求的材料。绿色材料在其生产、使用和废弃过程中，需要尽可能地提高其资源的利用率，同时减少对环境的影响。在此基础上，提出了"材料轻量化""材料长寿命""可生物降解"等新思路。例如，生态建材——透明隔热材料（transparent insu-lation material，TIM）是一种透明的隔热材料，在建筑上常常与外墙复合成为透明隔热墙（transparent insulation wall，TIW），减少了因对流造成的热量损失。

早在 1996 年，瑞士建造了两座由 TIW 作为外立面材料的"零能耗"房屋。在冬天，由聚碳酸酯做成的透明隔热材料不仅能最大限度地吸收太阳能，还能阻止室内热量的散失。在夏季，透明隔热墙中的 2 厘米厚的空洞可以促进空气流通，配合 TIW 的反射功能，使房间的温度适宜，做到冬暖夏凉。据统计，使用透明隔热材料，每平方米的建筑每年节约能耗 200 千瓦时。目前，科学工作者已经开发研制出太阳能光电玻璃，它不仅能吸收太阳能，还能把它们转化成电能，支持室内用电，有的还可以将多余的电力并入电网。

（一）材料选择的影响因素

电机离不开电磁材料，信息技术的应用离不开半导体材料，液晶显示器离不开发光材料，不同的产品和应用需要不同的材料。同种材料也可以有不同用途，如，不锈钢薄板可用来制造烤面包机、电吹风、电水壶的外壳。随着技术的进步和发展，同一种产品的材料也在发生变化，相机的外壳材料可以是金属、塑料，甚至纸壳；电吹风的外壳从铸铁、薄钢板，演变到塑料注塑成形。

材料选用是绿色产品设计中的重要内容，选材在很大程度上影响着产品的整个设计过程，以及产品的功能和性能，决定了该产品在市场上能否获得成功。传统设计方法中的材料选择仅仅考虑材料性能与零件功能，而不考虑环境，主要从以下几方面对环境造成影响：

①资源耗竭：选材时不考虑资源的储备情况，只要市场上有的材料即可。

②材料种类：材料种类繁多，相容性不好，不利于回收和再利用。

③回收处理：产品报废后，基本上不考虑回收、拆卸和再循环问题。即使考虑，也只考虑低级的材料循环。

④环境危害：仅仅遵守法规规定的排放标准，较少考虑加工过程中的其他有害排放，不考虑产品退役后的环境危害。

随着环境状况的恶化，法律和法规会更加严格，在贸易方面甚至出现了绿色贸易壁垒。人们的绿色意识不断增强，对产品提出了更高的要求：产品不仅应满足功能、使用性能和经济性等要求，还应能有效地保护环境，同时具有绿色材料的特性。绿色材料首先是一种材料，它应该满足产品对材料的要求。下面我们介绍五个能够影响材料选择的因素：

1. 市场性

经济的增长和自由化市场是设计的主要驱动力之一，随着技术的发展和成熟，技术的同质化越来越严重，市场已接近饱和，基本上达到了只要产品功能满足人的需求，人就会购买该产品的程度。因此，产品创新的驱动力常常是顾客或用户的"希望"，表现为一种价值的需求，特别是产品之外附加值的实现，而不是传统的"需要"产生设计和市场驱动力。

2. 技术性

产品、工程结构和零件的各种功能，是通过材料的技术性能来实现的。材料的技术性主要包括材料的物理和力学性能（密度、导热性、导电性、磁性、延展性、硬度、耐磨性、抗疲劳性能等）、化学性能（抗氧化性、耐蚀性等）、冷加工和热加工性能（可切削加工性、铸造性、压力加工性、焊接性、热处理工艺性）。还要考虑安全性和可靠性要求、特殊使用条件下的特定要求、产品的功能、性能，以及工作环境等其他方面的要求。材料的表面处理或装饰，对产品和市场有非常重要的意义和影响，因为用户购买产品特别是高技术产品时，常常首先看到的是产品的外部特征，如外观造型、质感和肌理。而只有少部分的人才关心内部的情况，无论是从美学角度，还是从功能保护的角度，都应对表面处理予以重视。设计人员还要时刻注意材料科学的新发展，积极采用新材料和新的加工技术，特别是新的绿色材料。

3. 经济性

企业和投资商要关心成本和效益。材料的经济性不仅意味着要优先选择物美价廉的材料，而且还要综合考虑材料对整个制造、使用、产品维修，乃至报废后的回收处理成本等产生的影响。即对生命周期成本的影响，欧洲、美国的产品召回制度和法令，规定制造商或进口商负责这部分费用。

4. 环保性

应选用能量强度低、易于回收和再循环的材料。在材料生命周期中应尽可能采用清洁型的再生能源；另外提高材料的利用率不仅可以减少材料浪费、解决资源枯竭问题，而且可以减少排放，减少对环境的污染。

5. 美学性

产品和材料具有一定符号含义或装饰意义，使人产生感觉、联想和推理。特别是表面的肌理和质感，会使人对产品产生一些感觉和情感，如高科技的或过时的、冰冷的或温暖的、高贵的或低廉的、普通的或独特的、柔弱的或强壮的、怀旧的或现代的等等。设计者要根据设计定位和目标市场，把材料有机地融入设计中。设计者常常利用产品的外部特征，如通过手机外壳的材料特性，用形态或造型、色彩、表面处理所产生的肌理和质感，显示产品内部的品质和高科技含量，功能和技术的先进性，以及时代感和流行趋势；用再生纸张制作贺卡时，再生纸特有的纹路和质感会给人以清新和别具一格的感觉。

材料选择中的各种因素，要根据产品的类别和具体的应用进行综合分析、评定。例如，对于航空工业，在满足传统的一般技术要求的同时，强度和刚度对零部件的特殊性能要求很高，还有遇高温性能等，而且对可靠性的要求非常之高，同时还要重量要轻，而其他因素是次要的。对于家用电器，如吸尘器的塑料外壳要同时满足的要求有：强度和刚度，抗溶剂性，耐热性，电绝缘性，装饰性的外观形态、色彩和表面处理，以及该塑料外壳的环境影响、成本效益，等等。没有任何一种材料能同时满足这些要求，也就是说最优的材料只是一种口号和理想，在实际的设计选材中，要对各种要求作出平衡和综合分析，选择满意的材料。这和设计有相似之处，对一个问题的设计会有很多解，虽然有的解明显好于其他的解，但是通常没有一个唯一的、正确的解或方案，设计的结果是开放性的，设计者应该考虑所有的方案。

（二）面向环境的选材原则

在进行绿色产品设计中，材料的选择是关键，也是前提。在此基础上，以环境为导向的材料选择原则可归纳为以下四个最小化原则：资源消耗最小化原则、能耗最小化原则、污染最小化原则、健康潜在危险最小化原则。

1. 资源消耗最小化原则

提高材料的利用率，尽可能地选择可循环利用的材料，减少并避免使用稀有材料。例如，对于受弯零件，可改变截面形状提高抗弯模量，或采用中空结构来减少材料的使用。如图 5-1-1 所示，对于图 5-1-1（a）所示的零件结构形状，从减少材料和切削废弃物的角度，图 5-1-1（c）所示的装配件是较好的方案。

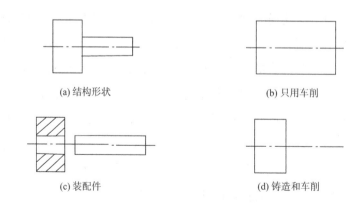

(a) 结构形状　　　　　　　　　　(b) 只用车削

(c) 装配件　　　　　　　　　　(d) 铸造和车削

图 5-1-1　结构形状和材料利用率

下面，给出美国摩托罗拉公司在材料再利用方面的两个例子：

摩托罗拉提供的配件都装在纸板箱里。最初，摩托罗拉从包装中取出配件，并将其作为废物扔掉。后来，他意识到大量处理是一种巨大的浪费，所以他用机器把这些纸制品切碎，然后把它们包装成"填充物"。

它的优点是，一方面消耗了原来的垃圾，另一方面取代了以前的泡沫填充物，大大降低了成本。纸板箱中生产的填料比塑料填料更容易降解，大大减少了它们对环境的影响。

供应商提供的一些原材料需要防静电包装袋，这些包装袋价格昂贵，以前被公司作为废物丢弃。后来，摩托罗拉的科学家发现，经过清洁、消毒和检查，这种包装袋完全符合要求，仍然可以使用。因此，"加工"后的包装袋被退回给供应商进一步使用，为双方节省了大量成本。

2. 能耗最小化原则

任何材料的获得都需要消耗一定的能量。金属要经过采矿、冶炼和成形，水泥和陶瓷由石灰石和黏土等烧制而成，塑料要经过石油冶炼和化工合成，这都需要能量。我们使用的能量主要来自煤炭、石油、天然气或核能，即使是太阳能、风能和潮汐能也需要建设电站、装备相应的发电机组，它们也要用材料来制造。因此，使用材料的同时也在使用能量，能源生产过程会破坏和影响环境。每生产单位质量材料的能量消耗称为能量强度。

能源消耗最小化的原则有三个方面：材料的最低能源强度、产品使用的最低能源消耗，以及材料回收和再循环的最低能源。

能量虽然只是材料生产和使用中影响环境的一个因素，但是它容易定量化，故可以用来反映材料的环境影响。

美国发明的新型荧光节能灯，其使用寿命是普通灯的8倍。在同样的亮度下，其能耗比普通灯下降20%。在生命周期内，新型荧光节能灯对环境产生的影响同普通灯相比，相当于在电厂中减少了454千克的二氧化碳和9千克的二氧化硫的排放。

美国通用公司设计的充电器，1小时可以完成8节电池的充电。能耗小，解决了电池充电时间长的问题，使人们更喜欢使用可充电电池，而不用一次性电池。

德国议会大厦大部分都是用自然照明、通风、联合发电和热回收系统，这不仅降低了大楼的能耗和运营成本，而且是为附属建筑供电的区域发电设备。玻璃圆顶不仅有利于照明，而且是电力和热量的主要来源，使其成为自然通风系统的重要组成部分。不同生态技术的使用使整个建筑的二氧化碳排放量减少了94%。

3. 污染最小化原则

最小化污染原理是指在物料全寿命周期内，使各种对环境的影响降至最低。选择具有天然可降解性的物料，尤其要注意垃圾填埋场、焚化场的排放物。

HIDO是荷兰一家设计、制造和销售各种工业产品的集团公司，其绝大多数产品是由玻璃纤维强化聚酯制成的。然而在处理聚酯，特别是排放苯乙烯时，大量的能耗和废弃物的产生带来了严重的环境问题。公司通过绿色设计开发了两种聚酯产品，极大地减少了环境负担，如每单位产品所需的原材料体积减小了55%，每个产品的生产周期从30分钟减至6分钟，制造单位产品所需的能量减少了90%以上，这些措施使单位产品的成本降低了70%。

4. 健康潜在危险最小化原则

在材料的生命周期中，对人类健康的危害或潜在的健康风险最小。在无法避免使用有毒材料的情况下，必须遵守相关法律法规，并提供解释和标签，特别是回收和处理说明。

在许多情况下，很难找到明显的环保材料或选择，或者根本不存在。这意味着没有不影响环境的材料，但影响和破坏的程度不同。

二、材料选择工具

在考虑传统的材料选择原则的同时，还要把材料对环境的影响作为选材的一个重要因素。随着计算机技术的发展，目前有大量的材料选择软件工具。主要分为两类：一类是选材的基本数据库，另一类是材料的环境影响评价软件工具。另外，还可以采用绿色设计的材料检核清单法对材料进行选择。

（一）选材的基本数据库

选材的基本数据库主要有MatWeb材料数据库和CES Selector数据库。

MatWeb材料数据库是由美国材料研究学会研制的，包含约135000种材料，覆盖了金属、塑料、陶瓷和复合材料。该数据库还包括了航空用金属材料子数据库。

CES Selector 数据库是由英国剑桥大学和 Granta Design 公司联合开发的材料选择工具。目前，包括美国航空航天局在内的很多企业、公司和研发单位使用该工具，剑桥大学、麻省理工学院、普林斯顿大学等学校也将 Granta Design 公司开发的 CES EduPack 软件用于教学中。2020 年，CES Selector 更名为 GRANTSelector。

CES Selector 可以追溯到 CES4（Cambridge Engineering Selector Version 4）以及 CMS（Cambridge Materials Selector）。它包含 4 个模块，如图 5-1-2 所示。

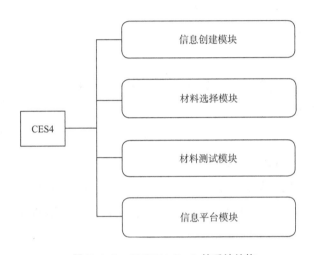

图 5-1-2　CES EduPack 的系统结构

1. 信息创建模块

本软件的合作方可将其所做的资料录入本系统，供用户查阅。

2. 材料选择模块

这一单元是本系统的中心，它为本系统提供了一个选材的工具。在使用 CES4 选材模组进行选材时，有三点需要注意：一是产品的功能如何？二是什么是最主要的需求和目的？三是有什么限制？

这个模块由三大职能组成：直接的资料查询——材料的特性，处理方法，以及供货商的资料；系统法——通过对原料、工艺的分析，找出最优的取舍；建立复杂力学行为模型——分析徐变、疲劳等复杂力学行为。

通用材料系列资料库（universe series database）包括材料资料库、工艺资料库和高分子资料库。该数据库收录了 3700 余种材质，每种材质的性能指标超过

50 项，全部资料齐全、无遗漏、涵盖 40 个国家 47 个标准。处理资料库包含了将近 300 个处理或生产的方法，包括焊接，表面处理，以及成型处理与精加工。高分子材料的资料库，包括塑料、橡胶，以及它们的加工特性与方法。

本模块由两个子库组成，即一般物质库和特殊物质库。

专业化系列数据库（professional series database）是为更专业化的需要设计的，包含设计数据、实验数据和供应商数据。其中，CES MIL-Handbook 为美国军方的材料手册；CAMPUS 是塑料数据库，包含了 5500 种塑料；CES CHEMRES Module 包含塑料同 190 种化学品或溶剂相互作用的数据，还包含美国材料信息学会的材料在线手册。

3. 材料测试模块

进行材料实验数据的管理，如试验的设备、记录和统计分析等。

4. 信息平台模块

为软件提供在线的在线服务，在得到授权之后，就可以随时使用，从而实现了以网络为基础的资料信息获取。

CES EduPack 用户界面简洁，材料数据量大，与 CAD 和有限元分析软件有数据接口，不但有通用的材料及加工数据库，而且还有专用的设计、测试及材料供应商的数据，使用者可以节省时间和成本。

（二）材料的环境影响评价工具 / 数据库

设计时使用各种 LCA 软件工具。

（三）绿色设计的材料检核清单法

在材料选择时可对下面的问题进行检核，但最好是根据具体的产品来设定检核清单。

①设计时尽可能地利用了再循环材料吗？

②考虑了材料的能量强度吗？

③考虑了加工中固体废弃物的再循环吗？

④零部件的外部包装可再循环使用吗？

⑤在产品的生产和制造过程中，材料会出现短缺现象吗？

⑥材料有毒和具放射性吗？

⑦使用的材料是臭氧层耗损材料吗？

⑧材料有潜在的处理问题吗？

⑨如果存在以上的问题，考虑到替代材料了吗？

⑩如果存在以上的问题，全面考虑了材料最少化了吗？

⑪考虑了选用再生材料了吗？

⑫考虑了通过机械设计方法来减少材料的使用吗？

第二节　产品可持续设计中的包装设计

在自然界中，包装起着举足轻重和不可缺少的作用。细胞、蛋壳、鱼鳞、树皮、果皮，没有了皮肤的保护，人体就不能保证其正常的生理机能。包装对于军事和对于科技来说同样重要。在潜水艇的外表上安装一块吸收板或一层能降低声波的反射，使潜水艇看不见；航天器和航天器的外观"穿着"耐磨、耐高温的"衣服"，以确保它们在返回着陆时间时不会燃烧。包装在人们日常生活中随处可见。包装的应用使制造商能够舒适、安全地运输货物；包装的美学设计可以提高产品的附加值，如一些香水和化妆品的包装成本甚至超过了产品本身的成本。包装和包装行业也为经济发展作出了重大贡献，并创造了巨大的利益。随着时间的推移，包装行业和包装行业的概念也得到了稳步发展。

在 20 世纪 60 年代，重点是包装加工的处理；20 世纪 70 年代的能源危机导致包装注重轻质和低能耗；20 世纪 80 年代以后，包装危害人体健康，寿命长，防止二次污染是关键；自 1990 年以来，绿色包装时代已经到来，即可持续包装，这是一个全球性的环境问题，也是可持续发展的要求，也与包装对环境的有害影响有关。

据统计，约 30% 的城市垃圾由包装材料组成（包括 20% 的印刷材料、20% 的有机废物和 30% 的其他废物），其使用和处置对环境造成了沉重负担。例如，许多塑料制品很难回收和再利用，即使是可生物降解的材料也有很长的降解周期，只能通过填埋或焚烧来处理，这对环境造成了严重的破坏。因此，许多发达国家制定了新的规则，强调在设计和制造包装材料时，需要考虑在使用后回收和再利用包装材料，以减少环境污染。

绿色包装是指对环境和人类健康安全、可回收利用、可促进可持续发展的包装。这意味着，从原材料选择、包装生产、使用到回收和废物处理，整个产品包装过程都应符合环境和人类健康要求。绿色包装的重要含义是"3R+1D"，即还原、回收和降解。

由于环境退化和人类需求，世界正在经历一场所谓的绿色包装潮流，欧洲各国政府纷纷制定了包装规则。德国已经在 1991 年《包装废弃物预防和使用法》就要求零售商回收包装材料。一方面，制造商必须减少包装材料的使用；另一方面，他们也必须减少有害材料的使用。德国对这一法案进行了改进和修改，并在 2018 年 8 月通过了有史以来最严厉的《关于投入流通、回收和高质量包装使用的法规》（以下简称"包装法"），并在 2019 年付诸实施。

德国包装法要求制造商、销售商或零售商向指定机构注册并申请许可证，否则产品将无法在德国上市。产品（货物）的销售包装包括外包装、零售包装、餐饮一次性容器/容器、配送包装等。它还涉及贸易商向终端客户在线销售商品，从而给中国的跨境电子商务平台（企业）带来新的挑战，并成为新的绿色贸易壁垒。

绿色包装是符合可持续发展原则的包装工业发展的新方向，将使包装业走上一条节约资源、保护环境的生态发展新道路。包装业的可持续发展、绿色包装的设计与制造是我们必须面对的现实和挑战，绿色包装已成为包装行业的研究热点。绿色包装的研究内容主要包括包装材料的选择、绿色包装的结构设计、绿色包装信息系统和生命周期分析，以及建立绿色包装回收体系。

一、可持续包装材料的选择

（一）包装的功能和常用材料

1. 包装的主要功能

包装的主要功能有：

（1）保护和保存功能

液体、粉状物品必须有包装，因为运输中的撞击、振动和挤压会损坏物品；冷冻食品的包装可防止食品失水，脱水蔬菜的包装可防止其吸水。西方发达国家由于食品的包装和配送系统发达，损失率是 2%～3%，而不发达国家为 30% 以上。

（2）安全和卫生功能

防止细菌、灰尘和空气的污染以及阳光的照射，如，食品、血浆。

（3）信息识别和传达功能

通过包装使消费者识别出这个物品类别；通过食品和药品的包装还可传达原料和成分，用法、禁忌，条形码、生产日期、厂家等信息；食品包装上还常有热量、成分等信息。

（4）美学功能

消费者购买的产品的包装，能够反映该消费者的情趣和个人爱好，常常包含个人的心理体验和感受，特别是礼品的包装。

2. 包装材料

常用的包装材料有铝、玻璃、纸和纸板、塑料和铁皮等，它们的优缺点如表5-2-1所示。

表 5-2-1　常用包装材料的优缺点

包装材料	优点	缺点
铝	来源丰富，再循环性能好，回收利用价值高，公众识别性好	原材料提取能耗大，依赖于回收系统
玻璃	来源丰富，包装食品和饮品卫生、安全，具有良好的回收系统，公众已经参与回收和再利用	原材料提取能耗大，污染较大，质量大，易破碎
纸和纸板	可持续材料，已有回收系统，可降解，可焚烧利用	原材料提取能耗大，生产时能耗严重，循环利用价值小
塑料	用途广泛，效益和效果很好，包装卫生安全，焚烧时能产生高能量	石油提取产品，非绿色材料；回收分拣困难，基本不可讲解；多层塑料不易用
铁皮	来源丰富，包装安全卫生，效果好；易分检回收，再循环利用率高	矿石提取时能耗大，污染严重；回收材料的价值低

（二）绿色包装材料的选择

1. 包装选材的优先顺序

绿色包装材料的选用原则是：通过包装物的生命周期评价，尽量选择对环境影响小、寿命长、在其生命周期内消耗能量少，且便于回收、再生、利用的包装材料。其优先顺序是：无包装材料，最低限度的包装材料，退回和可重复使用的包装材料，可回收包装材料。

首先是不使用任何包装材料，或者只需极少的一部分，就能彻底消除包装材料的环境冲击。其次是可回收、可再用的包装材料，因其效益及影响因素较难判断，且与消费者观念及回收制度密切相关。

2. 绿色包装选材原则

选择包装材料的具体指导原则如下：

（1）选用可再循环的材料

选择可循环使用的可重复使用的包装材料，是实现绿色包装的重要手段。PET 是一种可回收，洁净，高品质的塑胶包装，常用于饮品的包装，宝洁亦将其用作家庭清洁用品的包装。另外，还要注意回收率对包装选材的影响。宝洁公司对咖啡的包装进行了对比分析，容量为 13 盎司的金属罐和塑料包装，当金属罐的循环率达到 85% 时，二者产生的废物才持平。

（2）选用再生材料

包装材料的制造需要消耗大量的能源和资源，因此如果能回收重用这些材料，它不仅可以提高材料的使用率，降低生产成本，还可以节省大量能源和其他资源，同时减少对环境的排放。例如，Aveda 化妆品盒、粉盒和口红盒中使用的 85% 的铝包装材料都是在饮料罐中回收的。与使用原铝矿石资源相比，它可以节省近97% 的电力和水资源，并将生产过程中的污染减少 95%。化妆盒是磁性连接在化妆盒上的，使用后很容易更换。化妆盒中的镜子和磁铁都是无铅的，整个化妆盒都可以完全回收。

（3）选用可降解材料

可生物降解材料可以通过自然、生物或化学降解方法减少其对环境的影响和破坏。例如，Uboch 生产的碗状包装价格低廉，清洁卫生，可生物降解。这种包装源自印度，多年来一直用于储存干食品和湿食品。它由部分干燥的材料与树木或其他植物混合制成，在热带地区拥有丰富的物质资源。该包装还可以在较短的时间内使用，在较低的温度下仍能维持原有的外形和硬度。由于没有再循环体系，因此，即便是废弃了，也不会给环境带来危险，或者散装填充材料可以由淀粉混合物制备。淀粉来自天然可再生资源，如土豆、水稻、小麦等作物，在挤压过程中，超高温处理去除了可以吃的部分，可以有效预防害虫。这种填料与水混合后可在13 分钟内完全分解，并且可以在不添加其他成分的情况下分解，而不会污染地下水。它具有用途广泛、重量轻、清洁、抗静电、防虫、免费填充和重复使用的特点。

（4）尽量选用无毒性材料

避免使用含有重金属的包装物。

（5）避免过度包装

有的产品的包装保护性太强，或者是出于装饰性和陈列性，而出现了过度包装。过度的包装对消费者而言无太多作用，如有些糖果和化妆品的包装就过度了。艾凡达公司在香水等高档消费品的包装上做了很好的尝试。包装袋采用低密度聚乙烯，其 10%（质量分数）的用料来自回收产品，重量较轻，运输过程中可以节约大量的空间，同时又能向消费者直接展示产品。减少包装时，还要考虑消费者的使用习惯和产品的外观形象，一些包装上还要提供足够的空间来标明产品的各种信息。

（6）尽可能减少材料的使用

在保证产品基本功能及外观的前提下，尽可能地节省物料。在对填料强度有较高要求的情况下，如不能降低物料用量，可考虑对填料结构进行改良。降低材料的使用，不仅意味着降低了原材料的成本和加工生产的成本，还可能意味着同时降低了运输、营销的成本，以及在包装被丢弃后的回收再利用和处置的成本。对一次性包装，减少材料是很有效的，还可以减少商店销售时的二次包装。例如，美国电话电报公司（AT&T）曾经在保证强度的前提下，把键盘的塑料包装换成卡纸，体积减小了 30%。包装物数量的减少可有效地节约资源。再比如，APTI 公司的保护性气囊包装是以空气为商品护垫，这种包装的里外两层均使用低密度聚乙烯（LDPE），所以，可以有效地避免包装被刺破、撕扯，从而延长了商品在货架上的使用时间。它还可以分为两种，一种是表面防静电；另一种是表面不防静电。前者用于包装对静电较为敏感的电子产品。抗静电表层包装的内外两面都为双层压膜塑料，密封后的包装产品可承受约 1.9 万米的空运高度。和其他同类包装相比，这种可以很多次重复使用的气囊包装节约了 30% 的用料，节约了 35% 的运输成本，节约了 90% 的存放空间。经测试，利用该包装护垫后商品受损率为零。

（7）可重用和重新填装的包装

重复利用与再填充，能有效地延长包装材料的寿命，降低废弃物的环境污染。要考虑到回收、清洁包装的费用，同时也要考虑到对环境的冲击；要建立起相应的再填充网络与系统。喷墨盒，碳粉盒二次灌装后，可重复使用 5 次。重新填装还成功地用于洗发水、洗涤剂等家庭用品的包装上。例如，国际知名的护肤品公司"美体小铺（The Body Shop）"最著名的环保解决方案之一，就是在全公司采用规格统一的包装瓶盛放护发、护肤产品，该包装瓶采用低密度聚乙烯制成，可以在使用后将包装退还售卖店重新加装产品，销售产品的售卖店同时也回收包装瓶。可重新填装的包装也用于食品上。德国的连锁店坦格尔曼推出了一种牛奶罐式机器，这样消费者就可以用 1 升的玻璃瓶子来装满自己的牛奶了。单是慕尼黑1 年内，这一举措就节省了 3700 吨的包装材料。

（8）尽量使用同一种包装材料

尽量不要采用多个不同材质的包装袋，这样可以降低包装袋的分散性，增加包装袋的回收率。举例来说，微软 2001 办公用品的新包装，就是一个 9 个圆盘的塑胶包装盒子，重量只有原来的纸箱的十分之一，而且可以重复使用。在包装设计中，使用的材质要尽量减少，底部采用的是可循环使用的塑胶，顶部采用的是可循环使用的塑胶，以保证外观的美观。因为这个软件的操作指南是在网上公布的，所以，不需要增加书面指导来节约纸张。有了这种包装，运费可以减少百分之五十。

（9）优化包装结构设计

绿色包装可以通过包装的结构设计来实现。例如，包装形式对产品的运输有重大影响；为了便于运输，应使用尽可能多的方形包装，而不是圆形包装；与方形盒子相比，使用八角形盒子包装披萨可以节省 10% 的包装材料。通过合理设计包装结构，可以将包装用于其他目的，避免对包装的任意处理。举例来说，美国电讯公司就为键盘的外部包装而设计了一款防尘盖。采用这种新型的包装结构，既节约了包装材料，又节约了成本、占地面积。比如，伊夫黎雪公司的一种化妆品，里面的瓶子是用来装润肤霜的，如果用完了，只需要把里面的新瓶子换掉就可以了，根本不需要换外面的包装和瓶盖。经改进后，可节省材料 82%，相当于原包装耗能的 85%，相当于原包装耗能的 91%。经过对包装结构的改良，可以使包装更安全、更卫生、更容易使用。例如，德国阿尔坎公司生产的金属容器，将铝片或锡片焊接在金属容器顶部作为其封口，然后在铝片或锡片上配置开封拉条。其作产过程比现有的封口生产过程更省时间，同时可以使用现有的封装设备。在该生产方式中能源使用更为有效，包装质量减轻10%。采用这种封口方式也更安全，不会出现锋利的边缘，也不会在开封过程中引起内装产品的污染。

（10）改进产品结构，改善包装

通过改变产品的外形、结构、增加其强度、减轻其重量等方法，可达到降低其使用成本、减轻其使用成本的目的。美国DEC公司的调查显示，若提高产品的内部构造强度，则可使包装所需的材料减少54%，而包装费用则可降低62%。

二、绿色包装设计的案例分析

（一）波多黎各环保塑料公司

回收塑料及重新使用塑料的方式有许多，生产木塑复合材料就是其一。高密度聚乙烯（HDPE）回收后，所得的材料常常用于生产木塑复合材料。木塑复合材料有良好的物理特性，不会像自然木材一样易腐烂、开裂、变形或碎裂，也不会像金属一样易生锈，并且具有防水、防强光、防虫害、耐高温等特性。生产过程中，可以使用染色剂给塑料着色，这样可以减少油漆的使用。木塑复合材料常常替代传统的硬质木材，而用于重工业或其他户外用途，缓解了对森林的砍伐。在回收过程中也可以加入其他材料，而生产出各种复合材料以满足特定需求，如木材纤维、玻璃纤维、橡胶以及其他塑料制品。木塑复合材料有很多用途，如用作火车轨道的枕木、船甲板、儿童乐园设施、邮政设施、公园的座椅、花篮，以及街道配套设施等。随着该材料性能的不断改善，这些用途的外观和功能也有了不断提高。使用该材料建造桥梁或其他大型建筑物的工作，现在也在进行之中。木塑复合材料的使用寿命达50年以上，在海上使用可达20年。对于那些产生了大量塑料包装废物，而无法将其有效利用的国家和那些建筑材料昂贵而资源短缺的国家而言，使用具有极大市场潜力的木塑复合材料无疑是巨大的希望。

许多公司都在用回收塑料进行生产。波多黎各环保塑料公司（environmental

plastics of Puerto Rico，EPPR）为回收塑料的成功使用作出了巨大的贡献。EPPR 始建于 1992 年，逐步开发了用回收塑料制成的大型动物笼子，并为波多黎各的养马场制作篱笆。通过同阿联酋—加勒比可再生能源基金会、各种民间组织、环保团体，以及各级政府的合作，EPPR 终于建立了波多黎各第一个重要的回收系统。此后不久，EPPR 就可以处理 1350 吨的塑料，以及大量的玻璃、纸张、纸板、铝等废弃物。

EPPR 现在生产篱笆桩、长条座椅、塑料托盘、减速带、铁路枕木等产品，它生产的铁路枕木被多米尼加共和国和波多黎各的铁路系统采用。

（二）巴塔哥尼亚公司

人造羊毛已逐渐成为一种颇受欢迎的服装材料。最早的人造羊毛或合成纤维是用原油生产的，巴塔哥尼亚（Putagonia）公司首先使用塑料回收物来制造合成纤维，可用于制成合成纤维的回收物是由大量的聚酯制成的软饮料瓶。软饮料瓶在很多国家的使用量都很大，如日本在 1999 年生产了约 36 万吨聚酯软饮料瓶，而美国每年则生产将近 40 亿个软饮料瓶，其中三分之二都被填埋处理。

用软饮料瓶生产合成纤维，一方面避免了聚酯材料被焚烧或填埋，另一方面大量减少了原油的使用。石油是重要的能源来源，也是化工产品的重要原材料，全球石油市场的变化对一些国家的政治、经济和社会生活具有或大或小的影响，2004 年石油价格暴涨，这些都要求我们减少对原油的需求，尽量使用回收产品。仅巴塔哥尼亚一家公司就使得 4000 万个两升的软饮料瓶避免了被焚烧或填埋的命运。每回收 3700 个两升的软饮料瓶就可制成 150 件毛衣，同时节约了一桶石油（190 升），并避免了 1 吨有毒气体排放到空气中。

（三）科卡公司与平板玻璃包装系统

科卡平板玻璃封装系统是一种新型的平板玻璃封装技术，该技术在平板玻璃的运输和存储过程中，仅需在玻璃的四个角上加一个钢板，并在四个角上加一根钢筋，就能有效地阻止玻璃的滑落。

传统上，平板玻璃制品的装运包装为一次使用的木盒子。20 世纪 60 年代后，开始采用重而多用途的钢输送支架。在采用这种交通工具的同时，还需耗费大量的塑料、纸制品、纤维护垫，以避免玻璃因移动而造成破坏。这种方法耗费了大量的人力、物力、时间，不仅费用高昂，而且对环境不利，还造成了更多的浪费。传统的包装不仅体积大，而且在运输过程中损坏也是很常见的。在传统的运输方法中，多使用木箱、钢框架等承载设备，而科卡公司的玻璃板封装系统则是利用玻璃板自身的压力特性，使玻璃板自身具有自承载功能。因为有了这一重要的改进，科卡公司的平板玻璃包装装置在装入 100～400 片玻璃片时，重量可以增加到 900～3600 千克。若将其存放于仓库，高度可达 5 米，托盘底部承载重量为 11 吨，按安全系数 5 计算，可承载重量为 55 吨。

科卡平板玻璃包装系统能够安全地运送不同型号的长方形平板玻璃，所使用包装的质量只有 45 千克，占传统玻璃包装质量的 15%，而且不需要垫护材料，玻璃也几乎没有损坏。由于包装体积的缩小，仓库的空间利用率提高了 20%～40%。科卡平板玻璃包装系统的使用节约了大量能源、原材料，使得运输和储存系统更加有效。

科卡平板玻璃包装系既有利于环保，又可提高经济效益。如果用科卡平板玻璃包装系统替代 20 万件传统的钢架和 2.7 万件木箱来运输玻璃，而且把运输、人工、垃圾处理、搬运，以及储存等各项费用都考虑在内，估计每年可节约费用650 万美元。

（四）芬兰包装业的可回收系统

芬兰的瓶装业包括外卖的软饮料和酒类产品，其回收系统具有典型的示范意义，这是一种真正的体系化，所有的玻璃瓶、塑料瓶，都是根据标准来设计的。因为各厂商之间达成了一致，所以，不管是哪个厂商，统一标准的瓶类包装都可以被回收给任何一个饮料供应商，并在那里进行重新灌装，而供应商的灌装设备也是符合统一的瓶类规格的。

在芬兰，啤酒瓶统一由棕色玻璃制成，其他饮料由透明玻璃或聚酯瓶制成，90% 的饮料都用可回收和可再填充的瓶子包装。每个玻璃瓶的平均使用寿命为5～10 年，每年灌装约 5 次。瓶子的可回收灌装取决于完整的可回收包装系统。消费者在购买产品时为包装瓶支付一定的定金，在退回包装时退还定金。当新的包装物被送出时，包装供应商会收到顾客返还的包装物。甚至是许多大型跨国公司也采用了这种方法，百事公司也使用芬兰包装瓶。由于包装标准化，设计师需要能够为品牌设计可识别的标志和图案，以显示产品的身份或个性。

芬兰还为国内生产的果蔬的出售，使用了相同规格的包装箱或盒子，同时为所有的进口水果都使用了可折弯的包装箱，以及在批发商需要对其进行重新包装时使用的统一标准包装箱。

芬兰每年的人均废弃物量在欧洲是最低的，这主要得益于对包装物的循环利用，以及对它的贡献。

芬兰85%的玻璃、70%的塑料、90%的金属都可得到重新使用，每年使用的120万吨包装材料中（纸板除外），81万吨是可重复使用的。芬兰的实践表明，系统化包装模式要求包装生产厂家、供货商、产品包装者和零售商和分销商等多个环节协同工作。这个工作很精细，也很复杂，但是它对环保的回报是显而易见的，而且顾客付出的成本也大大减少。

（五）麦当劳与可降解餐具

麦当劳始建于1955年，现在在全球120多个国家拥有3万多家分店。进入21世纪后，麦当劳销售总额超过380亿美元，运营收入达33亿美元，顾客总量超过150亿次，相当于全球人口的2.5倍，这样的超级企业对环境的影响是避免不了的。

近10年来，随着市场竞争的加剧，快餐食品行业已经开始致力于生产出更绿色的食品。最初，由发泡聚苯乙烯塑料制成的汉堡包装中去除了氯氟烃，现在外包装由超薄纸和纸袋制成。此外，软饮料瓶、吸管和餐具都经过了改进，以满足顾客所能接受的最低环保标准。但就很多种快餐而言，食品消费后包装还会持久存在，这就形成了很多垃圾，同时也造成了资源浪费。由于绿色消费的兴起，麦当劳不得不作出选择：是牺牲声誉并随之承担经济利益的损失，还是迎接挑战，主动改进包装，减少对环境的影响。在二者之中，麦当劳公司选择了后者。

麦当劳公司采用了"Mater-Bi"餐具，这是一种可以自行分解、溶解的一次性餐具，由最常见的淀粉、纤维素等物质制成，其性能可与某些长链化合物相媲美。"Mater-Bi"餐盘很快就能被分解，40天内90%的餐具即被分解掉。在生产的第一年里，"Mater-Bi"餐具的产量就超过了2000万件。

第三节 产品可持续设计中的再循环设计

一、再循环性设计基础

1997 年，欧洲联盟各成员签署阿姆斯特丹公约，确立可持续发展的基本原则，并对欧洲共同体的环境政策与目标作了明确的界定。在阿姆斯特丹公约第 174 条中提出，我们必须维护并提高我们的环境品质，维护人类的健康；对自然资源的合理利用；加强国际水平上的合作来解决区域性和全球性的环境问题。与产品退役系统相关的法律和规范有很多，例如，与汽车污染物相关的法案和修正案、与汽车处置相关的法案、与电池和包含危险物积累相关的法案和修正案、与报废电子电气设备相关的指令、与臭氧层耗损物质相关的法规、与包装物和包装废物相关的法案、制造包装物和包装的统一评价程序、建立包装物标识系统的决定、有机溶剂的排放限制法案等。并强调在三个层次上进行废弃物管理，即通过设计在源头上减少废物、鼓励再循环和废物的再利用以及减少废物焚烧产生的污染。下面，我们重点分析汽车处置法案和电子产品处置法案。

（一）欧洲汽车的报废处置法案

1999 年，欧盟发布《关于报废汽车的技术指令》，目的是预防汽车废物的产生，对废物进行重用和再循环，以及关注有害物质在汽车上的使用。该指令还提到了编码标准，拆卸和循环信息的收集、处理、废物重用以及废旧汽车的回收。该指令对各个成员国提出了下列议案：鼓励汽车制造商以及材料和设备供应商控制、减少有害物质在汽车上的使用；加强面向拆卸、重用和循环的设计，特别是报废汽车、零件和材料的再循环；鼓励汽车制造商在制造时使用再循环的材料，以发展再循环材料的市场；尽量防止铅、水银等金属地使用，特别是在电路板中不使用铅；具体指标为，到 2015 年，回收率为 95%，重用和再循环率为 85%。

德国的汽车回收法规更为严格，1992 年德国就颁布了《限制报废车条例》，从 1993 年开始实行。该条例规定汽车制造商或进口商有免费回收旧车的义务。1996 年德车汽车的回收率是 75%。1999 年，欧盟发布的《关于报废汽车的技术指令》中规定，汽车制造商要无偿召回废旧产品。而且，汽车使用者要签署合同，在汽车使用 12 年后必须召回，最终的使用者必须把废旧汽车送到指定的拆卸工厂或回收商手中，目的是使汽车的不可回收零件由 2002 年的 15% 降到 2015 年的 5%。下面了解一下宝马汽车再循环和拆卸的案例。

1996 年 2 月以德国汽车工业协会为首的 15 个行业协会同意自行回收报废车辆。在这一原则的基础上，政府于 1998 年 4 月颁布了一项法令，对拆解工人的证书、拆解证书及监察办法等作出规定。

基本的流程是，车辆的终端使用者向指定的交易机构提交报废车辆处置申请。交易所将其转交给报废车认定拆卸单位进行拆卸，对可用的零部件进行出售，对车体和废液分别委托相关处理单位处理。拆卸单位将拆卸证明书返还用户，车主凭此证件可以向交通局和税务局提出撤销驾照、不缴纳税款的要求，并与保险公司解约。宝马是该体系的积极参与者，为此成立了"拆卸和再循环中心"。下面给出宝马 7 系可回收再利用的零部件，如图 5-3-1 所示。

图 5-3-1　宝马 7 系可回收再利用的零部件

（二）欧洲电子产品处置法案

1999 年，欧洲拟定电子设备处置法草案，其目的是鼓励电子和电气设备处置的废物的重用和再循环，减少它们对环境产生影响和危害。草案包括了从电动工具到家用电器的 11 大类的电子设备。该草案的主要内容有 5 个方面：

①提高设计和制造技术，使电子产品和电气设备的维修性、更新换代性、再循环性、重用性和拆卸性得到提高，特别是增加循环材料的使用。

②要标识质量大于 50 克的塑料件。

③尽量防止铅、水银和镉等金属的使用。

④建立回收体系，从终端用户那里回收产品，回收成本和费用由制造商承担。

⑤重用和再循环的比例为：大型家电 90%，电视机 70%，玩具 70%，电动工具 70%。

《报废电子电气设备指令》《关于在电子电气设备中禁止使用某些有害物质指令》是由欧洲联盟于 2002 年颁布的。以上两项指示指出，自 2006 年 7 月 1 日开始，不得将六种有毒有害物质带入欧洲市场。《报废电子电气设备指令》和《关于在电子电气设备中禁止使用某些有害物质指令》是在 2004 年 8 月由欧洲联盟正式执行的，凡是向欧盟出口电子产品的制造商，都将被额外征收一笔垃圾回收费用。

据海关统计，我国 2015 年出口欧盟的家电产品金额为 387.5 亿元人民币，如果将回收成本转嫁到制造商身上，由于欧洲劳动力成本高，可能使回收成本增加，降低了利润空间，间接地降低了我国产品的竞争力。如果不完成电子产品的技术升级换代，出口将受到严重影响。根据国家商务部门的统计数据来看，2006 年至 2012 年，因为绿色技术性贸易壁垒而使我国电子产品出口贸易产生较大损失的国家主要为欧盟、美国、日本和韩国，欧盟所占的比重达 40%。

（三）再循环性设计的优先顺序

已经不被用户使用的产品叫作废弃的，也叫作报废的，但前者更好地反映了问题的性质，采用前者可能会引入退役产品系统的概念。与消费者在购买产品后不使用产品相关的各种问题的总和被称为报废产品制度。产品处理后，经常会出现以下问题：产品是否需要退货和重复使用？是想从产品中移除有价值的零件，还是简单地循环使用材料？整个产品应该被焚烧还是部分处理？回收计划的目的是明确产品处理方法的优先顺序，并为特定产品制定合理的回收方法和策略；如图 5-3-2 所示。

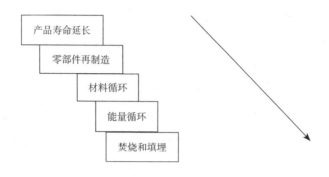

图 5-3-2　再循环的优先选择顺序

①产品寿命延长：也就是将产品的寿命延长。在遵循传统的设计原理的同时，也要遵循面向对象的原则。

②维护的设计（design for maintenance，DFM），使产品容易保养，尤其是易损坏的零件容易拆卸和修理，包括产品容易再填充，例如碳粉盒子能用 5 次或更多。

③零部件再制造：卸载回收产品，使用通过检验、机加工和表面处理回收工艺的零件作为维修产品，或在保持产品质量的同时将其组装到新产品上。构件回收的研究对象主要是以回收为目的的设计。回收产品一般满足以下条件：产品经久耐用；产品是标准化和标准化的，零件是可互换的；组件的剩余附加值很高；获得退役产品的成本低于剩余的附加值；产品技术稳定；用户认同加工产品；整个回收过程应符合相关规定。

④材料循环：这些物质按照周期的顺序被加工。一般的机械加工方法是破碎和分离。破碎就是将一种物质打散成细碎的颗粒，分离就是用多种方法将一种物质分离出来，比如，用磁力将铁分离出来，用涡流将铝分离出来。

⑤能量循环：为了获得能源而燃烧不能回收的各种物质。能源利用的根本途径是以物质的热值为基础，通常能源利用的热值超过 8 兆焦 / 千克，可以实现能源利用。

⑥焚烧和填埋：不值钱的垃圾可以通过焚化炉燃烧，但是也会向空气中排放污染物。此外，城市生活垃圾中含有大量的有机质，可以用作堆肥。矿渣和其他无害的垃圾，都可以用来填埋。

二、再循环的其他问题

（一）回收体系的重要性和特点

产品回收网络和体系对可循环产品是非常重要的，即使是在产品设计中已对再循环问题解决得很好，理论上能够全部再循环的产品，如果没有回收和循环系统的存在，再循环就没有了着力点，再循环也是不可能实现的。

产品生命周期成本的大部分在设计阶段就已确定，这是不可逆转、无法改变、必须面对的事实。而产品的回收成本要高于产品的配送成本，因此，回收面临成本和返回复杂性的挑战，主要的原因为：

①产品的配送成本一般已经包括在成本模型中。

②产品的配送一般只涉及单一的组织，把产品运送到指定的地点或零售商处，是一点到多点；而回收是逆向的"配送"，要从最终用户那里收集大量的产品，再把他们返回给零售商、制造商、供应商或回收商，是多点到一点。

③具有时间不确定性。因为用户使用的情况不同，特别是存在非正常使用情况时，且产品的寿命也不同，因此报废产品的返还时间是不确定的。因此，回收的产品数量也具有不确定性。

④受消费习惯和定势影响，消费者购买产品时常常把销售的价格作为是否购买的主要甚至是唯一的指标，而较少考虑使用费用，特别是对于维护费用，常常采取忽略、不重视甚至听天由命的态度。在我国，几乎没有消费者考虑报废时的费用。因此，终端用户应该树立产品生命周期花费的理念。

（二）现代技术对再循环和回收的影响

1. 传感技术

电子技术，特别是微机电系统（Micro Electro Mechanical system，MEMS）的探测和传感技术的发展，对工业界产生了深刻的影响。由于体积小、重量轻以及价格的不断下降，探测和传感元器件在产品上的应用范围越来越广泛，也必将对产品的绿色设计与制造产生巨大、深远的影响。例如，探测各种技术特性、磨损情况、应力、振动，记录使用状况，给出维护、修理或报废的信息。

2. 通信技术

计算机和无线通信技术成本不断下降，给产品的再循环提供了新的机遇。可以远程地获得产品的各种信息，对产品的使用、维护和维修进行诊断和分析，把产品的维护和退役等信息反馈给用户。

3. 网络技术

网络和电子商务平台的出现和发展，为产品退役和再循环提供了新的方法和手段。在产品生命周期的各个阶段，不同地点产品的服务和召回可以通过制造商、零售商或第三方网站实现。在网站上还可以公布召回的优惠信息，还可以通过电子邮件商讨相关的事宜，咨询有关问题，也可实现网上交易等。总之，网络和电子商务提供了便捷的服务，节省了时间和成本，为产品的循环提供了一条快速通道。

产品面向再循环设计（DFR）的设计原则是为了阐明产品设计时对再循环的基本要求，传统的技术、经济、社会和文化等要求是同样重要的。在设计阶段，要根据所有的设计原则来分析、评价并作出决策。DFR方法是一个补充和完善，产品的质量、安全性等并不能因为DFR而受到任何的负面影响。

第四节　产品可持续设计的实践与案例

一、产品可持续设计的实践

（一）绿色设计技术和市场

从消费者的角度来看，很少有人会为了生态的可持续发展而牺牲自己的生活质量，这也就意味着，尽管大多数的消费者都关注着环境和生态，他们也愿意买一些绿色的产品，但当这些产品的价格变得更高的时候，他们可能就不会买这些绿色的产品了。想法和行动是两码事。对于设计者来说，一个巨大的挑战就是降低对环境的冲击，同时又能满足顾客的需求。

对于设计者而言，将设计过程中对环境的影响降低到最低限度。事实上，对于设计者来说，要实现这一点是非常困难的，仅仅是一个部件的制造，就涉及成千上万的工序，设计者必须理解并确定这些因素对环境的影响，并且尽量减少这些因素。此外，它涵盖了许多部门和领域，包括法律法规、供应商、卖家和回收商，以及市场和消费者。

系统的观点对于可持续的产品设计至关重要，例如，减少生命周期对环境的影响。如果绿色产品在一个过程或给定的生命阶段产生了显著的环境负荷，则可以使用其他生命阶段环境负荷的减少来补偿该显著的环境负载。这意味着设计师应该关注整个生命周期。例如，某汽车公司的车身完全由铝制成。虽然原材料的能耗由钢制车身制成，但是体重比较轻，与同类型的钢制车身相比，能耗降低了50%，汽车生命周期能耗的80%消耗在使用阶段。此外，设计师在实际设计过程中也面临着环境数据的不确定性或不准确的问题，这就是为什么我们必须接受以下事实：

首先，没有不受环境影响的产品，不可能定义产品的最小环境影响值，产品的生态设计质量只有参考点或基准。

其次，产品的生态质量或绿色度只能通过与另一种产品的比较来确定，即绿色是一个具有空间特征的相对术语。设计师只能努力减少对环境的影响和风险。

最后，在我国，绿色产品的市场化进程中，往往存在着一些矛盾与冲突，尤其是当企业为降低对环境的负担而增加了生产成本的时候，产品的价格就会随之上升。归根结底，还是要看市场的认可度。商品的市场价值与顾客的购买决定密切相关，而顾客的购买决定又受到诸多因素的影响。就拿轿车来说，假如轿车的价格上涨，但是在使用过程中，能源消耗和维修成本的减少，能够弥补增加的价格，那么，消费者是否会同意呢？由于我国燃料和水的匮乏，导致了资源价格的上涨，因此，诸如汽车、洗衣机、冰箱等产品在使用阶段的使用费用会有很大的增长。然而，由于消费者的消费习惯和惯性，他们对商品的售价仍然比较关心。要做到这点，就必须让消费者拥有一种更加合理、更加成熟的消费理念，同时也要让人们对绿色消费有更多的认识。消费者不是设计师，工程师，也不是环保专业人士，他们需要政府的环保管理部门、组织、机构来做宣传，也需要商家来引导。

讨论价格问题的原因是，如果因为价格问题导致绿色产品在市场上没有消费者购买，产品没有销路，那么减少环境影响、保护环境就无从谈起。而且不能满足市场和消费者需要的、积压的滞销产品，就变成了资源的浪费，变成了"库存"，甚至变成了"废弃物"。一个有效对策是设计者提供产品的生命周期的资料和信息，并在市场上介绍给消费者，这可能比环境认证或环境标志更有效。还要注意的是要避免产品功效的缺陷，绿色产品要与同类产品具有相同的效能，如洗衣机降低用水量并同时保证衣物的清洁度。

（二）企业可持续工程实施

在工业和信息化部颁布的《绿色制造工程实施指南（2016—2020 年）》中指出：资源和环境问题已成为全人类共同面对的难题，实现可持续发展已成为世界各国的共识。尤其是，在应对全球金融危机和气候变化的大背景下，推动绿色增长，实施绿色新政，已经成为世界上最大的经济体所作出的共同选择。①

作为实施绿色生产技术和广泛推广绿色生产的推动力，它不仅对缓解当前资源和环境瓶颈、加快新增长点的增长具有重要的现实作用，而且对加快经济发展体制的转变具有深远的历史意义，促进产业转型和现代化，提高制造业的国际竞争力。

以企业为主体，以标准为导向，以绿色产品、绿色工厂、绿色产业园和绿色供应链为重点，以绿色生产服务平台为支撑，推动绿色管理和认证，强化引进指南，统筹推进绿色生产体系建设。

因此，企业也逐渐认识到环境和经济利益的关系。企业资源（工厂内的能耗、原材料的使用量、包装物等）使用的减少就意味着成本的降低。例如，包装物的质量和体积减小，包装材料用量就小，运输成本也降低；产品的小型化不仅减少了材料和元件数量和成本，也降低了包装和运输成本；拆卸时间的减少在很大程度上也意味着装配时间的缩短，即更少的处置成本和装配成本；零部件再制造和材料重用比购买新品更廉价，减低了原材料和器件成本。

1. 企业内部和外部分析

分析目前状况和未来发展的趋势，主要是与企业可持续工程相关的内部与外部因素，包括法律和法规、技术发展、工艺和技术可行性、竞争、消费者和市场发展。

---

① 《绿色制造工程实施指南（2016-2020 年）》[J]. 中国资源综合利用，2016，34（9）：11-14.

（1）法律和法规

主要包括下列法律和法规：我国相关的法律和法规要求，出口目标国家相关的法律和法规要求，化学品的限制，金属物的限制，召回制度，填埋和焚烧制度，绿色税和能源税，以及正在制定的法律和法规。

（2）技术发展

科学技术特别是与环境有关的技术发展给企业可持续工程提供了很大的发展空间。但技术越来越全球化，产品同质化越来越严重，使产品更便宜、更容易造成产品过剩，这对环境会产生负面影响。

（3）工艺和技术可行性

工艺和技术可行性分析涉及的内容有本企业可持续工程的人才状况，是否熟悉绿色技术和软件工具，现有的制造工艺和技术状况，企业管理状况特别是环境管理体系实施经验，外部咨询机构情况，再循环和回收公司的服务情况，另外，信息技术的发展给绿色技术提供了便利的工具。

（4）竞争

主要分析竞争企业的状况，例如竞争企业的环境战略、实施方法和项目，竞争者如何开拓绿色市场，竞争者环境管理标准认证状况等。

（5）消费者和市场发展

主要分析消费者的绿色消费认知度和行为特性、终端用户的购买需求和购买趋势。

2. 制定目标和策略

公司和企业的可持续工程是一项事业，不应该仅仅是被动地适应，而应该主动作为，制定企业可持续工程的远景规划和近期目标。远景规划和近期目标不仅包括定性描述，还要有定量要求，例如，在《绿色制造工程实施指南（2016—2020年）》中关于基础生产工艺绿色改造的应用，是加快清洁铸造、锻造、焊接、表面处理、切削等加工技术的应用，推动传统基础生产工艺的绿色化、智能化发展，建设一批基础生产工艺绿化示范项目。到2020年，传统机械生产将节约15%以上的能源、20%以上的原辅材料，并将减少20%以上的废物排放。

3. 确定领域和重点

企业的可持续工程一般涉及多个领域、部门和产品线，要有重点地进行突破，起到典型的示范作用。其绿色设计和研究的领域为能量消耗、质量减少和材料应用、包装和运输、有毒物质的减少、再循环。

4.技术路线

为了在给定的期限内实现公司的规划、环境战略，首先要从技术、工业和商业角度来分析产品线，然后定位基准产品或目标产品。在此基础上，制定的技术路线分为公司层、部门层和产品层三个层次。

公司层：组织，责任，计划，技术路线，监督，成果展示。

部门层：绿色产品项目，有效性和传达，ISO 认证，监督，成果展示。

产品层：绿色产品设计手册的编制和应用，绿色方案的形成和产品集成，技术目标（能耗、材料、包装和运输、环境影响物质、耐久性、再循环、处置），工业目标（供应商的评价，设备及辅助设备的减少），监督，成果展示。

由于受企业客观条件的限制，企业对产品的绿色设计分析可能还不深入、不完善。因此，在绿色设计的实施过程中，企业可以按现有产品的不断改进、现有产品的概念设计改进、新产品概念和功能的设计和实现、全面的绿色产品设计四个阶段来实施。

二、产品可持续设计的案例

在 2015 年的第 29 届世界设计大会上，对工业设计给出了新的定义。该定义强调工业设计师要把人类放在该过程的中心，他们需要深入理解用户需求，以感同身受的、务实的、以用户为中心的问题求解技法来设计产品、系统、服务和体验。工业设计师也是创新过程中的一个重要的利益相关方，并且独特地定位于连接专业学科和商业利益。他们重视设计工作和成果对经济、社会和环境的影响和冲击，协同创建更好的生活质量。因此，对于工业设计师来说，定量分析产品的生命周期的环境影响十分重要，工业设计任务或项目也常常与设计师的可持续设计或环境意识设计理念息息相关。下面的设计实例就是从产品的结构、材料等方面具有生态风格（ecostyle）的创新设计：

（一）弯木椅

150 多年来，德国索耐特（Thonet）公司一直大批量地生产精美的弯木椅。

这种椅子的完美设计节约了欧洲当地的木材，模块化的"扁平包装"设计使运输更容易，还能按顾客的喜好定制。1849 年，该公司设计了维也纳"一号椅"，一种由 4 个独立的预制部分组成，可以重新装配成各种不同外形构造的椅子，它是符合工业产品完美设计的先驱。19 世纪后期到 20 世纪早期，Thonet 公司的椅子曾一度风靡，从巴黎到柏林以及伦敦的咖啡馆和餐馆都有它的踪影，成了咖啡椅的经典。后来的"维也纳咖啡屋椅"即"14 号椅"（图 5-4-1），也是 19 世纪最成功的产品之一，可能至今仍是最畅销的椅子之一，仅仅在 1930 年一年中就卖出了 5000 万个，一批著名设计将各种新运动及设计流派思想融入该公司的产品设计中。在保持公司传统特色的同时，采用公认的设计原则和材料来生产现代家具，例如材料选用经过蒸干和弯曲处理的硬榉木。

图 5-4-1　弯木椅

（二）毛毡花瓶

毛毡花瓶（图 5-4-2）是系列化的有机成形毛毡容器，被称为"软碗"（Softbowl）。此类产品可以作为钥匙、钱包等小物品的储藏容器，方便、美观且实用。软碗由 100% 羊毛毡制成。羊毛是一种可再生资源，羊毛毡的生产依赖于世界范围内的有组织的养殖，因此保证了原材料的稳定供应。此外，软碗均为纯手工制作，是手工工艺的典型代表。在软碗制作工程中，所消耗的能量仅仅占陶瓷花瓶容器的十分之一，方便美观的同时，也做到了环保。

图 5-4-2 毛毡花瓶

（三）卷心菜椅子

此款纸质扶手椅（图 5-4-3）因其造型酷似卷心菜的叶子，而被称为卷心菜椅子。该椅是用大量废弃的褶皱纸制成的，褶皱本身赋予椅子弹性，给使用者提供一种柔软舒适的体验。其生产过程也十分简单。椅子作为一个紧凑的轧辊出售，用户可在家中自行进行切割、剥离。椅子没有内部结构，不用螺钉，只需要用户将其一层一层拨开便可制作成功。其轻松活泼的造型让用户在感到舒适的同时，也能体会到一定的趣味性。

图 5-4-3 卷心菜椅子

（四）塔楼

这款名为"Hy-Fi"的塔楼（图 5-4-4），高 13 米，由 1000 块有机砖建造而成。有机砖是由玉米秸秆制成的，并且 100% 可堆肥。该塔楼是接近零碳排放的建筑，在举办了 3 个月的公共文化活动后，可以被拆解，砖块可堆肥。

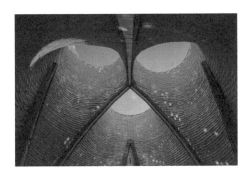

图 5-4-4　塔楼 Hy-Fi

参考文献

[1] 熊青珍，敖景辉. 文化创意产品设计［M］. 长沙：湖南师范大学出版社，2021.

[2] 王星河. 产品设计程序与方法［M］. 武汉：华中科技大学出版社，2020.

[3] 刘玲. 日常产品设计心理学［M］. 北京：机械工业出版社，2022.

[4] 任成元. 产品设计视觉语言［M］. 北京：北京理工大学出版社，2019.

[5] 张峰. 产品设计基础解析［M］. 北京：中国时代经济出版社，2018.

[6] 张艳平，付治国. 产品设计程序与方法［M］. 北京：北京理工大学出版社，2018.

[7] 苏海海. 互联网产品设计［M］. 北京：中国铁道出版社，2018.

[8] 刘曦，赵宇，段于兰. 可持续设计新方向［M］. 重庆：重庆大学出版社，2019.

[9] 安妮·切克，保罗·米克尔斯维特. 可持续设计变革 设计和设计师如何推动可持续性进程［M］. 长沙：湖南大学出版社，2012.

[10] 拉斯. 可持续性与设计伦理［M］. 重庆：重庆大学出版社，2016.

[11] 杨钟玮，周佳娟. 设计中可持续观念的导入 [J]. 上海工艺美术，2023（1）：78-80.

[12] 王璐祯，李超. 分形理论在产品可持续设计中的应用研究 [J]. 设计，2022，35（15）：140-143.

[13] 沈玲龙，祁名宇. 可持续设计对包豪斯设计理念的继承与发展分析 [J]. 西部皮革，2022，44（10）：36-38.

[14] 邵露莹. 基于可持续设计理论的非遗文创产品视觉设计研究 [J]. 艺术与设计（理论），2022，2（04）：87-92.

[15] 田雨. 产品可持续性设计工具探析 [J]. 设计，2022，35（6）：130-133.

[16] 刘宣慧，郗宇凡，尤伟涛，等. 数据驱动的可持续设计 [J]. 包装工程，2021，42（18）：1-10.

[17] 张雪. 材料在产品设计的可持续应用 [J]. 西部皮革，2021，43（11）：151-152.

[18] 宋德风，周洁. 论可持续性服装设计 [J]. 现代商贸工业，2021，42（19）：167-168.

[19] 侯康佳，侯利敏. 可持续设计的应用与发展研究 [J]. 设计，2021，34（1）：102-104.

[20] 姚君. 可持续产品系统设计研究 [J]. 包装工程，2020，41（14）：1-9.

[21] 张超. 基于情景分析理论的介助老人助行产品设计研究 [D]. 青岛：青岛大学，2022.

[22] 张若翼. 产品设计基础教学中数字化工具的应用 [D]. 南京：南京艺术学院，2022.

[23] 吴彦博. 基于可持续设计理念的快递包装设计研究 [D]. 杭州：浙江农林大学，2022.

[24] 苏明岳. 基于需求进化的工业产品可持续设计研究 [D]. 天津：河北工业大学，2022.

[25] 刘美麟. 基于循环经济理论的产品可持续设计策略研究 [D]. 北京：北京服装学院，2021.

[26] 曾栋. 产品形态交互式进化设计认知干预理论与方法 [D]. 徐州：中国矿业大学，2021.

[27] 惠茜. 产品创新设计过程及创意方案生成研究 [D]. 成都：四川大学，2021.

[28] 陈秋旻. 时尚品牌的可持续设计趋势研究 [D]. 北京：北京服装学院，2020.

[29] 陶双双. 可持续理念在校园文创产品设计中的应用研究 [D]. 北京：北方工业大学，2020.

[30] 刘晓东. 基于价值增长机制的文化创意产品价值共创研究 [D]. 上海：东华大学，2017.